自适应光学随机并行优化控制技术及其应用

杨慧珍 陈 波 耿 超 著

科学出版社

北京

内 容 简 介

随着自适应光学应用领域的拓展，开发结构简单、成本低廉的自适应光学系统已成为当今亟待解决的问题。本书是一部关于无波前探测自适应光学技术及其应用的书籍，结合作者对基于随机并行梯度下降控制算法的无波前探测自适应光学系统的理论和应用等研究工作，对随机并行梯度下降算法的理论基础、基于随机并行梯度下降的自适应光学系统性能和应用进行了论述和探讨。全书共四篇，第一篇介绍自适应光学基础知识和随机并行梯度下降控制算法的理论基础；第二篇和第三篇分别从理论分析和实验角度介绍基于随机并行梯度下降的自适应光学系统基本性能及其优化方法；第四篇介绍几个典型领域的应用研究。

本书可供从事光学工程、信号与信息处理、计算机科学与技术、电子科学与技术等领域的高年级本科生、研究生、高校教师和科研工作者及工程技术人员参考使用。

图书在版编目(CIP)数据

自适应光学随机并行优化控制技术及其应用/杨慧珍，陈波，耿超著. —北京：科学出版社，2015.11
ISBN 978-7-03-046238-1

Ⅰ. ①自… Ⅱ. ①杨… ②陈… ③耿… Ⅲ. ①自适应性－光学－研究 Ⅳ. ①O436

中国版本图书馆 CIP 数据核字(2015)第 264678 号

责任编辑：余 丁 闫 悦 / 责任校对：桂伟利
责任印制：徐晓晨 / 封面设计：迷底书装

科学出版社 出版
北京东黄城根北街 16 号
邮政编码：100717
http://www.sciencep.com

北京凌奇印刷有限责任公司 印刷
科学出版社发行 各地新华书店经销

*

2015 年 11 月第 一 版　开本：720×1000 B5
2019 年 1 月第六次印刷　印张：14 1/4
字数：272 000
定价：88.00 元
(如有印装质量问题，我社负责调换)

前　　言

　　光技术给人类文明带来了巨大的进步，各种光学仪器开阔了人类的视野，增强了人们对宏观和微观世界的认识。随着激光、电子和计算机技术的飞速进步，光技术正逐步渗透生产、生活、国防等多个领域。但在应用过程中，光波传输通道、光电探测元件或观测的对象等都会极大地影响光波质量。为克服各种因素对光波质量的影响，在信息科学、光学、电子学、机械学和自动控制学等各门学科取得重大成就的基础上，自适应光学（adaptive optics，AO）技术自 20 世纪 70 年代开始在天文学界得到了蓬勃发展，并引发了天文界的一场革命。目前，自适应光学技术的应用领域已经拓展到激光传输、光束净化与合成、自由空间光通信、显微成像、光学医学工程、激光加工等国防和民用领域。

　　自适应光学是一门可以让光适应外界变化而被能动控制的技术，也可以理解为光学中的自动化技术，集科学性和工程性为一体。其基本思想是利用光电子技术实时测量波前误差，用快速的电子系统计算和控制，用能动波前校正器件进行实时波前校正。上述常规自适应光学技术已在天文成像、激光传输等领域得到了广泛应用。但是该技术系统结构复杂、成本高昂，必须同时进行波前测量和重构的实现过程又限制了它在其他领域的应用，如大气光通信、扩展目标成像、生物显微成像等。为进一步拓展自适应光学技术的应用领域，人们把目光转向不需要波前探测的一类自适应光学技术——无波前探测自适应光学技术。无波前探测自适应光学技术在 20 世纪 70～80 年代由于找不到合适的控制算法而被搁浅，近年来随着各种新型随机优化算法的出现逐渐成为研究热点。其中，随机并行梯度下降（stochastic parallel gradient descent，SPGD）控制算法具有容易实现、控制参数的所有维并行求解等特点，逐渐受到国内外的重视。本书作者长期从事基于随机并行梯度下降控制算法的自适应光学系统理论和应用研究，在该领域积累了大量资料，并发表了一系列研究论文。作者整理多年研究成果出版此书，旨在系统地阐述基于 SPGD 控制算法的自适应光学系统的基本原理和技术实现等方面内容，为无波前探测自适应光学技术在相关领域的应用研究提供参考，供相关领域的研究人员以及立志于该领域研究的研究生参考使用。

　　本书分为综述和 SPGD 算法相关理论、基于 SPGD 算法的无波前探测自适应光学系统基本性能研究、基于 SPGD 算法的无波前探测自适应光学系统优化、基于 SPGD 算法的无波前探测自适应光学系统应用等部分，共 20 章。其中，第 1～5 章、第 8 章、第 11 章、第 13～15 章由淮海工学院杨慧珍执笔，并完成全书统稿；第 6～7 章、第 9～10 章、第 12 章、第 16 章由华北理工大学陈波执笔；第 17～20 章由中国科学院光电技术研究所耿超撰写。

本书的内容为作者在攻读博士学位期间及后续工作的总结，研究思路和框架凝聚着作者博士研究生导师中国科学院自适应光学重点实验室姜文汉院士、李新阳研究员的心血和远见卓识。在此，谨向恩师致以最真诚的敬意和由衷的感谢。本书的出版得到国家自然科学基金（11573011，61205069）和河北省自然科学基金（F2013209149）的资助，受到了淮海工学院、华北理工大学、中国科学院自适应光学重点实验室的大力支持，在此特别致谢。

由于本书内容涉及面较新，有些问题还在进一步的深入研究之中，加之作者学识水平有限，书中难免存在不足之处，恳请读者不吝指正和赐教。

作 者

2015 年 6 月

目 录

前言

第一篇 综述及基本理论介绍

第1章 综述 ·· 3
1.1 自适应光学的基本概念 ·· 3
1.2 自适应光学发展概况 ·· 4
    1.2.1 自适应光学理论发展概况 ··· 4
    1.2.2 自适应光学技术应用 ··· 6
    1.2.3 我国自适应光学技术的研究概况 ··· 7
1.3 无波前探测自适应光学技术发展概况 ·· 8
    1.3.1 第一阶段：20世纪70~80年代 ··· 8
    1.3.2 第二阶段：20世纪90年代后期至今 ··· 9
1.4 随机并行梯度下降控制技术发展和应用现状 ·································· 10
1.5 本书主要内容 ·· 11
参考文献 ·· 11

第2章 随机并行梯度下降算法基本理论 ··· 18
2.1 无波前探测自适应光学系统的特点与最优化方法 ·························· 18
2.2 随机近似类算法：同时扰动随机近似算法 ······································ 20
2.3 神经网络应用中随机误差下降算法 ·· 22
2.4 自适应光学系统中梯度下降类算法 ·· 23
    2.4.1 顺序梯度下降算法 ··· 24
    2.4.2 多元高频振动算法 ··· 24
    2.4.3 随机并行梯度下降算法 ··· 25
2.5 SPGD算法收敛性分析 ··· 26
2.6 SPGD算法收敛速度分析 ··· 27
2.7 SPGD算法稳定性分析 ··· 29
2.8 本章小结 ·· 31
参考文献 ·· 31

第二篇 基于 SPGD 控制算法的 AO 系统基本性能研究

第 3 章 SPGD 控制算法静态畸变校正仿真与分析 35
3.1 仿真模型介绍 35
3.2 静态波前畸变生成 36
3.3 目标函数分析模块 38
3.4 波前校正器 38
3.5 SPGD 算法模块 40
3.6 仿真结果与分析 40
3.6.1 算法收敛性验证 40
3.6.2 对同一种畸变取不同扰动幅度和增益系数 41
3.6.3 固定增益和随机扰动幅度对不同程度畸变的适应情况 42
3.6.4 自适应增益 43
3.7 本章小结 44
参考文献 45

第 4 章 几种随机并行优化算法在 AO 系统中应用的比较 46
4.1 基于随机并行优化算法的自适应光学系统仿真模型 46
4.2 随机并行优化算法介绍 47
4.2.1 随机并行梯度下降算法 47
4.2.2 遗传算法 47
4.2.3 模拟退火算法 49
4.2.4 模式提取算法 51
4.3 仿真结果 52
4.3.1 各算法参数的选取 52
4.3.2 收敛速度 53
4.3.3 校正效果 54
4.3.4 局部极值 55
4.4 讨论与分析 56
4.5 本章小结 57
参考文献 57

第 5 章 32 单元变形镜 SPGD 控制算法实验研究 59
5.1 实验装置 59
5.2 目标函数的选取 61
5.3 随机并行梯度下降算法 61

5.4	实验结果	62
	5.4.1 实验参数选取	62
	5.4.2 校正效果和收敛速度	63
5.5	讨论与分析	65
5.6	本章小结	66
参考文献		66

第6章 基于 SPGD 算法的自适应光学带宽分析 67
- 6.1 SPGD 算法收敛速度与校正器单元数的关系 67
- 6.2 收敛速度与校正器单元数关系的实验分析 69
  - 6.2.1 实验系统与实验方案 69
  - 6.2.2 实验结果与分析 70
- 6.3 基于 SPGD 算法的自适应光学校正带宽分析 71
  - 6.3.1 高速自适应光学实验系统 71
  - 6.3.2 动态波前校正实验结果与分析 73
  - 6.3.3 闭环实验系统的校正带宽分析 75
- 6.4 本章小结 77
- 参考文献 77

第7章 基于 SPGD 算法自适应光学系统中的目标函数 79
- 7.1 点目标成像无波前探测自适应光学的目标函数 79
- 7.2 像清晰度函数 J_1、平均半径 J_2 和环围能量 J_3 的特性分析 81
  - 7.2.1 目标函数随波前残差 RMS 的变化趋势 81
  - 7.2.2 目标函数扰动 $|J_+ - J_-|$ 随波前残差 RMS 的变化趋势 83
- 7.3 三种目标函数的 SPGD 算法闭环仿真 84
- 7.4 本章小结 86
- 参考文献 86

第三篇 基于 SPGD 控制算法的 AO 系统性能优化

第8章 基于 Zernike 模式的 AO 系统优化 89
- 8.1 理论基础 89
  - 8.1.1 控制系统结构优化 89
  - 8.1.2 Zernike 多项式和校正器影响函数的关系 92
- 8.2 仿真结果与分析 93
  - 8.2.1 32 单元和 61 单元变形镜校正能力分析 94
  - 8.2.2 低阶像差的模式优化和驱动器电压优化比较 94

8.2.3　高阶像差的模式优化和驱动器电压优化比较 ································ 96
　　8.2.4　高阶像差的模式和驱动器电压组合优化结果 ································ 98
8.3　本章小结 ··· 99
参考文献 ··· 99

第9章　SPGD算法中随机扰动信号的统计优化 ·· 101
9.1　随机扰动信号对SPGD算法收敛速度的影响 ··· 101
9.2　基于Zernike模式的随机扰动信号优化 ··· 102
　　9.2.1　$\delta m(x,y)$和$\phi(x,y)$的统计相关性 ······························· 102
　　9.2.2　Zernike模式法优化随机扰动电压 ··· 103
9.3　Zernike模式优化随机扰动电压闭环仿真 ··· 105
　　9.3.1　闭环仿真模型 ·· 105
　　9.3.2　单阶Zernike像差的校正 ··· 105
　　9.3.3　大气湍流波前畸变校正 ·· 107
9.4　波前校正器的合理选择 ·· 111
9.5　本章小结 ··· 113
参考文献 ··· 113

第10章　Zernike模式法实现DM和TM的解耦控制 ··· 114
10.1　耦合问题 ··· 114
10.2　耦合分析 ··· 116
10.3　解耦控制 ··· 117
10.4　本章小结 ··· 119
参考文献 ··· 119

第11章　分段随机扰动用于SPGD算法优化 ·· 120
11.1　分段随机扰动幅值的SPGD算法实现 ··· 120
11.2　结果与分析 ··· 121
　　11.2.1　弱湍流时畸变波前校正分析 ··· 121
　　11.2.2　弱湍流时最佳初始随机扰动幅值选取分析 ······························ 123
　　11.2.3　中等、强湍流时大气湍流畸变波前校正分析 ·························· 123
11.3　本章小结 ··· 125
参考文献 ··· 125

第12章　基于Hadamard模式的SPGD算法优化 ··· 127
12.1　H_GD算法 ··· 127
12.2　数值仿真 ··· 129
12.3　本章小结 ··· 131

参考文献 132

第四篇 基于 SPGD 控制算法的 AO 系统应用

第 13 章 扩展目标成像校正 135
- 13.1 背景介绍 135
  - 13.1.1 应用背景 135
  - 13.1.2 扩展目标成像模型 136
- 13.2 成像清晰度函数 137
- 13.3 高分辨率成像 AO 系统模型 139
- 13.4 高分辨率成像仿真结果 140
  - 13.4.1 灰度方差函数作为图像质量标准 140
  - 13.4.2 灰度梯度模平方和作为图像质量指标 143
  - 13.4.3 拉普拉斯函数作为图像质量指标 144
  - 13.4.4 频率评价函数作为图像质量指标 146
  - 13.4.5 成像结果比较 146
  - 13.4.6 校正能力分析 148
- 13.5 本章小结 150
- 参考文献 150

第 14 章 成像噪声对扩展目标成像校正效果的影响 152
- 14.1 仿真模型 152
- 14.2 结果与分析 153
  - 14.2.1 噪声与目标函数之间关系 153
  - 14.2.2 噪声对校正效果的影响 154
- 14.3 结论 156
- 14.4 本章小结 157
- 参考文献 157

第 15 章 焦斑形态控制 158
- 15.1 背景介绍 158
- 15.2 焦斑整形仿真模型 159
- 15.3 焦斑整形结果与分析 160
- 15.4 本章小结 163
- 参考文献 163

第 16 章 激光器光束净化 164
- 16.1 基于 SPGD 算法的激光光束净化自适应光学系统 164

16.2 光束净化数据及分析 ……………………………………………… 165
16.3 本章小结 …………………………………………………………… 166

第 17 章 光纤激光相干合成系统仿真 ……………………………………… 167
17.1 新型光纤自适应光学校正器简介 ………………………………… 167
　　17.1.1 压电式光纤相位调制器 …………………………………… 167
　　17.1.2 自适应光纤准直器 ………………………………………… 168
17.2 一种基于 SPGD 算法的光纤激光相干合成系统模型 …………… 169
　　17.2.1 特殊的畸变波前 …………………………………………… 169
　　17.2.2 基于总体目标函数和局部目标函数的相干合成模型 …… 170
　　17.2.3 SPGD 算法平台 …………………………………………… 172
17.3 仿真结果与分析 …………………………………………………… 173
　　17.3.1 SPGD 算法增益系数分析 ………………………………… 173
　　17.3.2 锁相与倾斜校正的关系 …………………………………… 174
17.4 与 Vorontsov 相干合成模型的比较 ……………………………… 176
17.5 本章小结 …………………………………………………………… 177
参考文献 …………………………………………………………………… 177

第 18 章 倾斜像差对光纤激光相干合成的影响与模拟校正 ……………… 179
18.1 倾斜像差影响分析 ………………………………………………… 179
　　18.1.1 模型介绍 …………………………………………………… 179
　　18.1.2 模型选取 …………………………………………………… 180
　　18.1.3 影响分析 …………………………………………………… 182
18.2 系统与算法控制 …………………………………………………… 184
　　18.2.1 系统结构 …………………………………………………… 184
　　18.2.2 SPGD 控制算法 …………………………………………… 185
18.3 控制特性仿真研究 ………………………………………………… 185
　　18.3.1 静态平移、倾斜像差模拟校正 …………………………… 186
　　18.3.2 动态倾斜像差模拟校正 …………………………………… 186
18.4 本章小结 …………………………………………………………… 189
参考文献 …………………………………………………………………… 189

第 19 章 基于倾斜控制的光纤激光相干合成实验 ………………………… 190
19.1 基于自适应 PIB 评价函数的光纤放大器相干合成实验 ………… 190
　　19.1.1 研究方案 …………………………………………………… 191
　　19.1.2 基于自适应 PIB 评价函数的倾斜控制 …………………… 191
　　19.1.3 相干合成 …………………………………………………… 195
19.2 基于远场发散角评价函数的光纤放大器相干合成实验 ………… 196

	19.2.1 实验平台	197
	19.2.2 SPGD 算法控制过程	197
	19.2.3 远场发散角评价函数	198
	19.2.4 基于远场发散角的倾斜控制	198
	19.2.5 相干合成实验结果	200
19.3	本章小结	203
参考文献		204

第20章 基于目标在回路的光纤激光相干合成实验 ... 205

- 20.1 基于目标在回路的相干合成原理 ... 206
- 20.2 实验系统 ... 208
  - 20.2.1 实验平台 ... 208
  - 20.2.2 控制策略 ... 208
- 20.3 实验结果 ... 210
  - 20.3.1 相干合成 ... 210
  - 20.3.2 光束控制 ... 213
- 20.4 本章小结 ... 215
- 参考文献 ... 215

第一篇　综述及基本理论介绍

本篇介绍自适应光学技术理论及应用现状、无波前探测自适应光学系统控制算法的发展历史及趋势，并从理论分析角度讨论随机并行梯度下降（stochastic parallel gradient descent，SPGD）控制算法的收敛性、稳定性及收敛速度问题。

第 1 章 综 述

大约 400 年前，伽利略用他的望远镜首次发现了木星的卫星。望远镜的出现，使得人类开始了对太空未知领域的新一轮探索。理论上，一架望远镜的分辨率与它的口径成反比，一架 13cm 的望远镜的分辨率是 1"，10m 望远镜的分辨率应该达到 0.0013"。但随后的天文学家发现，从分辨率的角度来说，世界上最大的望远镜不比天文爱好者手中的 10in（1in = 2.54cm）望远镜好到哪儿去。造成这种现象的主要原因是大气湍流的存在，大气湍流的动态扰动使大口径望远镜所观测到的星象不断抖动且不断改变成像光斑的形状。当时的天文学家和光学工作者就像谈论天气一样谈论大气湍流，但一直找不到解决办法。就连 17 世纪最伟大的科学家牛顿也认为没有什么办法来克服这一弊端，"唯一的良方便是寻找宁静的大气，云层之上的高山之巅也许能找到这样的大气"。

如今，伽利略小望远镜的后裔——重达 300t 的凯克望远镜居然可以分辨出木星卫星表面的细节，这在当初伽利略用他的望远镜发现木星的卫星时，是几乎不可能想到的。1999 年 11 月 26 日，在夏威夷火山附近，天文学家使用一架配有特殊技术的望远镜目睹了一次发生在另一个星球上（距地球 6.2 亿千万千米）的火山爆发。这次火山爆发的光芒大小就像是在 2km 外看这句话末尾的句号那样小，而且最不寻常的是，这次观测是在有卷云的情况下进行的……，究竟是什么技术使得如今的天文学研究获得了如此大的进步？这就是下面要谈到的自适应光学技术。

在多年的憧憬和发展之后，世界上许多大天文台里，自适应光学正主导着地基天文学的革命。不但在天文学领域，在激光光束质量改善、激光谐振腔、激光核聚变、大气光通信领域、工业和医疗等方面的应用研究也受到了很大重视，自适应光学技术正发挥着不可替代的作用。

1.1 自适应光学的基本概念

1953 年美国天文学家 Babcock 提出用实时测量波前误差并加以实时补偿的方法来解决大气湍流等动态干扰的设想[1]。其设想的核心是在光学系统中引入一个表面形状可以改变的反射元件（称为波前校正器）和一个波前误差传感器，用波前误差传感器测量出不断变动的波前误差，利用一套控制系统控制波前校正器，并对波前误差进行补偿校正，但是在 20 世纪 50 年代还不具备实现这一设想的技术基础。到了 20 世纪 70 年代，自动控制和电子等相关技术发展成熟，使得 Babcock 的设想有了实现的可能。同时，美国"星球大战"等计划需要对空间目标进行精确观测，也需要使高能激光在大气中进行高效率地传输,这些军事应用都需要实时克服大气湍流对光学系统的影响,军事应用与天文学家的想法不谋而合。这样,在相关软硬件发展相对成熟的基础上和一些军用需求的推动下,一门崭新的光学技术——自适应光学(adaptive optics,AO)从20世纪70年代起首先在美国迅速发展起来[2,3]。

一个典型的天文成像用自适应光学系统如图1-1所示,主要由波前探测器、波前控制器、波前校正器三部分组成,其中波前探测器实时探测出波前畸变,此信号经波前控制器处理后产生控制信号加到波前校正器上,波前校正器产生与所探测到的波前畸变大小相等且符号相反(与畸变波前的共轭相位)的波前校正量,使光波波前由于受到动态干扰而产生的畸变得到实时补偿,从而获得接近衍射极限的成像质量。

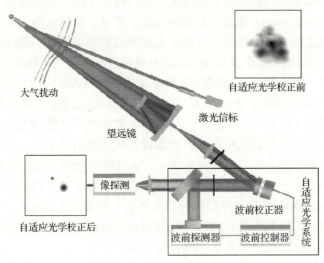

图1-1 天文成像用自适应光学系统

1.2 自适应光学发展概况

自适应光学是一门集科学性和工程性于一体的综合学科,它研究实时自动改善光波波前质量的理论、系统、技术和工程。自20世纪70年代开始经过大约40年的发展,无论在理论研究还是在技术应用方面都取得了长足的进步,成为令人瞩目的光学新技术。

1.2.1 自适应光学理论发展概况

自适应光学在理论方面主要研究光波波前的随机扰动理论、自适应光学系统原理、光波波前的重构理论、系统的优化方法等。

自适应光学技术的主要目的是克服大气湍流对光学系统的影响,因此,光波在大气湍流中的传输时间、空间特性成了与自适应光学密切相关的问题。俄国科学家

Kolmogorov 在 19 世纪 40 年代建立了湍流折射率变化的空间功率谱模型，即著名的"2/3 次方"理论体系，奠定了对湍流研究的基础。Tatarskii 运用 Kolmogorov 的模型求解光波在湍流大气中传输的方程[4]。Fried 运用 Tatarskii 的结果通过 Zernike 多项式描述湍流效应[5]，并在关于湍流畸变波前相位结构函数的研究中推导出了一个非常有用的参数，即大气湍流的相干长度[6]。Noll 和 Wang 等利用模式描述方法对湍流畸变波前的空间特性进行了研究[7,8]。Greenwood 和 Tyler 等利用冻结湍流假设研究了湍流畸变波前的时间功率谱等特性[9-12]。这些理论研究深化了大气湍流与自适应光学系统空间和时间关系的认识，奠定了自适应光学的理论研究基础。20 世纪 90 年代以来，关于激光导星技术中有关问题的研究成为自适应光学理论研究的中心之一[13,14]。同时，学术界又开始了对"非 Kolmogorov"[15]湍流、强闪烁条件下的"相位不连续（branch point）"[16-18]及其对自适应光学校正效果的影响[19,20]等问题进行研究。

需要强调和说明的是，由于湍流运动的复杂性，到目前为止，湍流的基本物理机制仍然没有一个非常清楚和公认合理的解释，湍流理论至今未为复杂湍流分析提供准确的统计模型。大量文献所公布的多种模型总是表现出不同程度的局限性，一些模型的普适性问题也尚待大量长期的实验验证。因此，建立复杂湍流运动下的完善理论及准确模型成为 21 世纪湍流研究的最主要目标之一[21]。

从自适应光学系统的原理来说，自适应光学系统由两大类组成，即常规自适应光学系统和无波前探测自适应光学系统，两种系统的原理图分别如图 1-2 和图 1-3 所示。图 1-1 中用于天文成像的自适应光学系统属于常规自适应光学系统。波前重构理论在第一类系统中尤其重要，因为只有干涉性波前传感器才能直接测出光波波前相位，而其他类型的传感器只能测量出波前的斜率或曲率，所以需要重构出光波波前。波前重构的方法主要有区域法[22-26]、模式法[27-32]等，目前常规自适应光学系统最常用的控制方法是直接斜率法[33,34]。无波前探测自适应光学技术[35]不需要进行波前测量和波前重构，把波前校正器所需控制信号作为优化参数，以成像清晰度、接收光能量等应用系统关心的系统目标函数直接作为优化算法的目标函数，优化得到接近理想的校正效果。早期的无波前探测自适应光学系统控制算法多采用爬山法[36]、多元高频振动法[37]进行控制参数优化，近期常采用随机并行梯度下降算法[38,39]、模拟退火[40,41]、遗传算法[42,43]、模式提取算法[44]等随机并行优化算法。

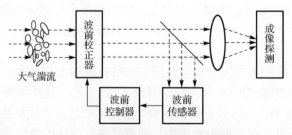

图 1-2　常规自适应光学系统原理图
- - - - →　光信号；　——→　电信号

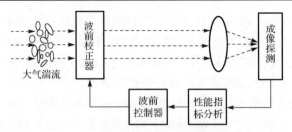

图 1-3 无波前探测自适应光学系统原理图
-----▶ 光信号；　──▶ 电信号

两种类型的自适应光学系统各有优缺点和相对应比较合适的应用环境。常规自适应光学系统发展相对成熟，已在天文成像、激光传输等领域得到了广泛应用。但是该技术需要进行波前重构，而且系统结构较复杂，限制了它在一些领域的应用。理论研究表明，在较强的振幅起伏情况下，光束波前将产生不连续性，常规自适应光学技术不能正确复原光束相位，进而无法实现闭环补偿[45]。Primmerman 等在强闪烁条件下的实验结果表明，当光束振幅起伏达到饱和时，信标光会出现明显的暗区，给波前测量带来严重影响，因此导致基于波前探测的自适应光学补偿效果显著受限[46]。Lukin 等的研究结果也表明，强湍流环境下，波前传感器不能正确地探测出畸变波前[47]。中国科学院安徽光学精密机械研究所王英俭等的实验结果[48]也表明，在强闪烁条件下自适应光学系统不能实现稳定闭环。同时，系统的复杂性也限制了波前探测自适应光学技术的应用，例如，在校正激光腔内像差时，激光器的工作原理以及激光腔内有限的空间使得波前传感器难以工作。此外，随着自适应光学技术向民用领域的拓展，小型化和低成本化成为必然。正是在上述背景下，无波前探测自适应光学技术得到了发展。

1.2.2　自适应光学技术应用

自适应光学的研究基础首先源于与天文学有关的大气湍流问题。美国于 20 世纪 70 年代研制出了第一套实时大气补偿成像系统[49,50]，在 300m 水平大气中进行了一系列大气湍流校正实验，经补偿后的图像分辨率接近衍射极限。在验证了自适应光学的一些基本原理后，于 1977 年公布了自适应光学研究的第一批成果，建立了自适应光学技术的许多概念[51]。1982 年在夏威夷附近的美国空军毛伊岛（Maui）光学站上，安装了世界上第一台实用的 1.6m 自适应光学望远镜，用于空间目标的观测。在这套系统上进行了大气补偿实验和短波长自适应光学技术（short-wavelength adaptive techniques，SWAT）实验[52]。

除美国之外，欧洲南方天文台在法国空间研究院和 Laserdot 公司的协助下，实施了称为 COME-ON 的自适应光学计划。系统采用 19 单元连续镜面变形反射镜，用哈特曼-夏克传感器探测出光波波前动态畸变，采用新型波前复原算法和控制算法，运用部分模式校正等新概念在可见光波段进行探测，在红外波段进行成像校正。该系统于 1989 年在法国普罗旺斯天文台 1.52m 天文望远镜上成功完成红外波段校正后，于 1990

年被运到智利,安装到拉-西拉(La-Sila)的欧洲南方天文台 3.6m 望远镜上进行实验,实验获得了圆满成功[53,54]。这两次实验对世界天文界造成很大轰动,被认为是天文观测技术发展的里程碑,随后在世界范围内掀起了一股自适应光学研究热潮。到目前为止,几乎所有在建的和新建的大型望远镜系统都采用了自适应光学技术,如 Subaru、Gemini South、Large Binocular Telescope 和欧洲南方天文台的 Very Large Telescope 等系统。可以说自适应光学技术已经成为天文成像观测的利器。

自适应光学技术不仅在天文成像中得到了广泛应用,而且对激光传输和光束控制有着非常重要的作用。20 世纪 70~80 年代,美国以军事应用为背景,建立了多种激光发射自适应光学系统,并进行了大量实验。例如,20 世纪 70 年代中期,林肯实验室利用高能激光器和 52 单元冷却变形反射镜进行了大气热晕补偿和激光器自身像差校正实验等。用于光束控制的还有欧洲南方天文台对 3.6m 望远镜的像差补偿实验[55]以及美国劳伦斯利弗莫尔国家实验室用于校正中等功率的激光器像散的自适应光学系统[56]等。对于大气补偿和激光器自身像差的校正,美国在 ABL(airborne laser)计划中把自适应光学列为三大关键技术之一[57]。

20 世纪 90 年代以后,随着自适应光学相关理论和单元技术的日趋成熟,该技术开始向民用领域拓展,如光通信、医学等方面的应用研究也受到了很大重视。但是由于自适应光学系统制造困难且费用昂贵,极大地限制了自适应光学技术的推广应用,特别是民用方面的应用。近年来,人们开始进行自适应光学低成本化的探索。

1.2.3 我国自适应光学技术的研究概况

我国对自适应光学技术的理论和工程研究起步于 1979 年,中国科学院自适应光学重点实验室在此领域开展了卓有成效的研究。该实验室自 1980 年在国内开拓自适应光学的研究方向以来,经过 30 余年的发展已经取得了令人瞩目的成就,建立了包括波前校正器、波前传感器到专用波前处理机等全套技术基础,并成功研制了多套自适应光学系统,分别应用于天文目标高分辨率成像、激光核聚变、激光大气传输和人眼视网膜成像等众多领域。

1987 年研制的 19 单元激光光束波前校正系统成功应用于"神光Ⅰ"激光核聚变装置中,校正后焦斑能量集中度提高了三倍,成为国际上同类装置中首先成功使用的自适应光学系统[58];1999 年 45 单元方形激光光束校正系统研制成功[59],用于"神光Ⅲ"激光核聚变装置。目前光电技术研究所正在为下一代激光核聚变装置研制具有校正动态波前误差能力的自适应光学系统。

1990 年 21 单元动态波前误差校正系统与云南天文台 1.2m 天文望远镜对接,实现了对星体目标的全程大气实时波前校正,获得了分辨双星的清晰照片,使我国成为世界上第三个实现这一目标的国家。2000 年在云南天文台 1.2m 望远镜上建立了一套 61 单元自适应光学系统[60,61],用于天文目标可见光高分辨率成像观测;2005 年中国科学院光电技术研究所又完成了对该系统的升级改造[62]。2000 年利用新研制的 19 单元微小型变形镜建立了人眼视网膜成像自适应光学系统,并获得了较清晰的人眼底图像,这项技术使我国成为世界上第二个利用自适应光学技术实现人眼视网膜高分辨率成像的国家。

总之,中国科学院自适应光学重点实验室近年来在天文观测、激光光束控制以及人眼像差校正等方面都取得了令人瞩目的成就。另外,这些工作同时带动了自适应光学理论的发展,能动光学器件[63]、微驱动技术和光束动态诊断技术[64]等单元技术方面的创新也取得了极大进步。目前,中国科学院自适应光学重点实验室掌握基础技术之全面,覆盖应用领域之广阔,为国际上所罕见[65]。

此外,中国科学院长春光学精密机械与物理研究所、北京理工大学、华中科技大学、西北工业大学和国防科学技术大学、中国科学院云南天文台等单位也开展了自适应光学的教学和研究工作,在理论研究[66,67]、波前校正器研制[68-70]、波前控制技术[71,72]以及应用[73-75]等方面发表了大量论文和研究成果,并出版了相关专著[76,77]。例如,西北工业大学微/纳米系统实验室研究了多种 MEMS(micro-electro-mechanical system)分立式变形镜,并取得了一定的技术成果;华中科技大学光学与电子信息学院也开展了关于 MEMS 变形镜、星载自适应光学理论的研究和数值模拟。由此可见,自适应光学技术在中国的发展是非常迅速的。

1.3 无波前探测自适应光学技术发展概况

从 1.2.1 节关于自适应光学系统原理的介绍可以知道,波前校正技术归纳起来主要有两种:一种基于相位共轭原理,即常规自适应光学控制技术;另一种基于系统目标函数直接优化,也就是无波前探测自适应光学技术。基于相位共轭原理的自适应光学系统控制理论和方法都已发展得较为成熟[78]。基于系统目标函数直接优化的自适应光学技术在 20 世纪 70~80 年代由于找不到合适的控制算法而被搁浅,近年来随着自适应光学技术应用领域的扩展以及各种新型随机优化算法的出现,它逐渐成为研究热点。下面以时间为主线概述各个不同发展阶段所使用的优化算法。

1.3.1 第一阶段:20 世纪 70~80 年代

这个阶段的控制算法大多采用爬山法[79]和多元高频振动技术[37]。爬山法的基本思想如下:选取初始点,确定控制参数的步长,在某一控制参数的正方向前进一个步长,若多元函数向极值方向变动,则探索成功,否则向相反方向前进一个步长;如果正反方向均未成功,就回到原点。以后依次改变各个控制参数进行探索,各自前进一个步长(或保持原位不动)。一个周期后再进行新的循环,使多元函数逐步接近极值。波前控制的信噪比以及控制精度独立于控制通道个数,但由于各控制参数串行调整,收敛速度非常慢,适用于子孔径个数少且对实时性没有要求的场合。

多元高频振动技术一般用于高功率激光发射。高功率激光器发射的激光被分束器分成多路,每路都通过一个光学移相器。光学移相器以不同的频率振动,产生小的相位振动。各路光束在发射镜汇合,然后通过大气射向目标。目标反射一部分能量回到接收机。接收到的回波信号包含多元高频振动成分,而每一高频振动信号的相位都包含对应阵元汇聚激光的相位误差信息。将回波信号与本机振动信号同步检测后,就能获得相位误差信号。再与本机振动合在一起使光学移相器除产生一个固定频率的移相外,还产生一个校正用的移相,使各阵元的激光汇聚在目标的亮点上。多元高频振动并行调整各参数,一定程度上解决了爬山法所存在的耗时问题,但它本身的实现方式带来了其他问题。为提供有效的信号解调,随着控制通道个数的增加,系统带宽要求相应地增加,尤其对波前校正器的带宽要求更加严格[80]。另外随着路数的增加,信噪比降低,且硬件实现复杂。

中国科学院光电技术研究所于 1987 年实现了多元高频振动自适应光学系统,并已用于中国科学院上海光学精密机械研究所的 LF12 高功率激光装置[81]。20 世纪 80 年代末,采用模式法多元高频振动进行太阳望远镜自适应光学校正大气湍流的方案论证[82]。同期,采用爬山法建立了激光倍频晶体自动寻优系统[83],并应用于中国工程物理研究院的 11 号高功率激光装置的钕玻璃激光倍频系统中。

1.3.2 第二阶段: 20 世纪 90 年代后期至今

爬山法极慢的收敛速度以及多元高频振动对系统的带宽要求高、信噪比低且硬件实现复杂的缺点使得基于像清晰化的自适应光学技术几乎被搁浅十余年。随着随机优化算法理论的发展,20 世纪 90 年代后期研究人员开始尝试一些新的优化算法,如随机并行梯度下降算法(SPGD)[38,39]、模拟退火(simulated annealing, SA)[40,41]、遗传算法(genetic algorithm, GA)[42,43]、模式提取算法(algorithm of pattern extraction, Alopex)[44]、单纯形法(simplex algorithm)[84]、函数近似法(functional approximation method, FAM)[85]等。这些控制算法和多元高频振动及爬山法相比,具有实现容易、控制参数的所有维并行计算的特点,正逐渐受到国际和国内的重视。其中 SPGD 算法最引人注目。

以色列理工学院(Technion-Israel Institute of Technology)在文献[40]中,把模拟退火算法用于视觉自适应光学领域,并用硬件实现了该算法。硬件实现后的该算法基本能满足实时视觉校正所需要的 0.5s 的校正时间。同时,该论文数值实验比较了模拟退火算法和 SPGD 算法。英国赫瑞瓦特大学(Heriot-Watt University)在文献[41]中把模拟退火算法用于光束整形,以减小实际光束形状与所要求的光束形状之间的差异,这些实验结果表明,该系统能够按照要求自适应地产生高斯或超高斯光束剖面。美国加州理工大学喷气推进实验室[42]和中国科学院光电技术研究所采用遗传算法[43]进行了不同的应用研究。爱尔兰国立大学应用光学实验室采用了单纯形法[84]进行波前畸变的校正。希腊克里特理工大学(Technical University of Crete)的应用数学与计算机实验室采用了模式提取算法[44]用于无波前探测自适应光学系统控制,并分别进行了理论和应用研究。

以上优化算法与爬山法以及多元高频振动技术相比,具有控制参数并行计算、实现较容易的特点。这些算法使得无波前探测自适应光学技术越来越受到国际和国内的重视。尤其是随着自适应光学向民用领域的拓展，具有结构简单、价格低廉的无波前探测自适应光学技术重新成为国内外的研究热点。

1.4 随机并行梯度下降控制技术发展和应用现状

SPGD 算法是美国陆军研究实验室（U.S. Army Research Laboratory）的 Vorontsov 等在同时扰动随机近似（simultaneous perturbation stochastic approximation，SPSA）[85]控制算法的基础上开发的一种自适应光学校正技术[38]。经过十多年的发展，SPGD 算法的效率和优越性已经在多家实验室得到了验证，并基于 SPGD 算法建立了各自的实验台，如美国陆军研究实验室的 A_LOT（atmospheric laser optics testbed）[86]、APPLE（adaptive photonics phase-locked elements）[87]、新墨西哥州立大学光电研究实验室的实验台[88]等。该算法自 1997 年被提出后立即成为国内外的研究热点，并在实际系统中得到了应用，其中美国在该方面的研究始终走在前沿，具有重大意义的研究成果如下。

美国陆军研究实验室的 Vorontsov 等在 1998 年首次建立了基于 SPGD 算法的无波前探测自适应光学系统，对扩展目标进行了自适应清晰化校正[38]。使用两个 127 单元的液晶空间光调制器，一个用于产生波前畸变，另一个用于校正波前畸变。他们的研究结果表明，SPGD 算法是一种很好的自适应光学控制算法，其收敛速度明显优于串行扰动梯度下降法（爬山法）以及多元高频振动技术等。

为了提高 SPGD 算法的迭代速度，美国陆军研究实验室与约翰·霍普金斯大学于 1999 年联合成功研制了利用模拟超大规模集成电路实现的 SPGD 算法控制器（adopt VLSI wavefront controller）[89]，然后利用该控制器进行了一系列实验研究。该控制器的成功研制表明，与遗传算法等其他算法相比，SPGD 算法的一个重大优势就是算法简单，易于 VLSI 硬件实现。

作为一种优化算法，SPGD 算法尽管比其他算法有明显的优势，但是算法的收敛速度仍然是影响其广泛应用的主要瓶颈。为了提高 SPGD 算法的收敛速度以适应高分辨率校正器件，Vorontsov 等先后提出了几种解决方法，其中比较重要的是 1998 年提出的模式法和自适应扰动法[90,91]，以及 2002 年提出的解耦（decoupled stochastic parallel gradient descent，D-SPGD）算法[92]。仿真结果表明，这些方法能够有效地提高 SPGD 算法的收敛速度。但是由于这些方法较复杂，实现较困难，所以没有后续的实用报道。美国多家研究单位联合建立的高能激光系统[87]APPLE 可以同时完成激光锁相和低阶畸变补偿。

中国科学院光电技术研究所[93-101]、国防科学技术大学[102-106]等单位对基于 SPGD 算法的无波前探测自适应光学系统理论及应用进行了研究。目前，SPGD 算法在各领域的应用研究也在积极地开展着，如激光热晕补偿[107]、眼科[108]、自由空间光通信[109,110]、光纤阵列的锁相及湍流补偿控制[111]、定向能和激光通信[112]等。同时，基于 SPGD 算法的无波前探测自适应光学也顺应了自适应光学小型化、廉价化的趋势,得到大量研究。

1.5 本书主要内容

无波前探测自适应光学技术由于不再使用波前传感器,以及系统结构的特殊性,使得常规自适应光学系统控制方法对其不再适用,各种随机优化算法成为该类系统控制的可能选择。本书分别以数值仿真和实验为手段,在比较目前优化控制领域各种常用的随机并行优化算法的基础上,重点研究随机并行梯度下降算法,并建立了相应的实验平台进行静态和动态畸变校正实验。同时对随机并行梯度下降算法在大气光通信、扩展目标、焦斑整形、光束相干合成等方面的应用作了初步探讨,具体组织如下。

全书内容共四篇:第一篇包括第1~2章,总结了近40年来国内外相关技术的发展和研究现状,并对随机并行梯度下降算法的收敛性、收敛速度及稳定性问题从理论上给予了分析和推导;第二篇包括第3~7章,分别从仿真、实验等角度研究了SPGD算法的收敛性、收敛速度、校正能力和系统带宽等基本性能;第三篇包括第8~12章,从不同角度讨论基于SPGD算法的自适应光学系统优化问题;第四篇包括第13~20章,分别讨论基于SPGD算法的无波前探测自适应光学系统在扩展目标成像校正、焦斑整形、光束净化和光束相干合成中的应用。

参 考 文 献

[1] Babcock H W. The possibility of compensating astronomical seeing[J]. Publ. Astron Soc. Pac., 1953, 65: 229.

[2] Asher R B. Wavefront estimation for adaptive optics[J]. Air Force Academy, CO. Frank J. Seiler Research Laboratory, SRL-TR-76-0010, 1976.

[3] Hardy J W. Adptive optics: A new technology for the control of light[C]. Proc. IEEE, 1978, 66(6): 651-697.

[4] Tatarskii V I. Wave Propagation in a Turbulent Medium[M]. New York: Dover Publications, 1967: 40-91.

[5] Fried D L. Statistics of a geometric representation of wavefront distortion[J]. J. Opt. Soc. Am. A., 1965, 55:1427-1435.

[6] Fried D L. Optical resolution through a randomly inhomogeneous medium for very long and very short exposures[J]. J. Opt. Soc. Am. A., 1966, 56:1372-1379.

[7] Noll R J. Zernike polynomials and atmospheric turbulence[J]. J. Opt. Soc. Am. A., 1976, 66(3): 207-211.

[8] Wang J Y, Markey J K. Modal compensation of atmospheric turbulence phase distortion[J]. J. Opt.

Soc. Am. A., 1978, 68: 78-87.

[9] Greenwood D P, Fried D L. Power spectra requirements in adaptive optics systems[J]. J. Opt. Soc. Am. A, 1976, 66(3): 193-206.

[10] Greenwood D P. Bandwidth specification for adaptive optics systems[J]. J. Opt. Soc. Am. A., 1977, 67(3): 390-393.

[11] Tyler G A. Turbulence induced adaptive optics performance degradation: Evaluation in the time domain[J]. J. Opt. Soc. Am. A., 1984, 1(3): 251-262.

[12] Tyler G A. Bandwidth considerations for tracking through turbulence[J]. J. Opt. Soc. Am. A., 1994, 11(1): 358-367.

[13] Gardner C S, Welsh B M, Thompson L A. Design and performance analysis of adaptive optical telescopes using laser guide stars[C]. Proc. IEEE, 1990, 703(11): 1721-1743.

[14] Parenti R, Sasiela R J. Laser-guide-star systems for astronomical applications[J]. J. Opt. Soc. Am. A., 1994, 11(1): 288-309.

[15] Boreman G D, Dainty C. Zernike expansions for non-Kolmogorov turbulence[J]. J. Opt. Soc. Am. A., 1996, 13(3): 517-522.

[16] Fried D L, Vaughn J L. Branch cuts in the phase function[J]. Applied Optics. 1992, 31: 2865-2882.

[17] Baranova N B. Wave-front dislocations topological limitations for adaptive systems with phase conjugation[J]. J. Opt. Soc. Am. A., 1983, 73(5): 525-528.

[18] 范承玉, 王英俭, 龚知本. 光波相位不连续点的探测[J]. 光学学报, 2001, 21(11): 1388-1391.

[19] Andrews L C, Phillips R L. Laser Beam Propagation Through Random Media[M]. Bellingham, Washington USA: SPIE Press, 2005: 92-100.

[20] 范承玉, 王英俭, 龚知本. 相位不连续点对自适应光学的影响[J]. 强激光与粒子束, 2003, 15(5): 435-438.

[21] 饶瑞中. 光在湍流大气中的传播[M]. 合肥: 安徽科学技术出版社, 2005: 105-200.

[22] Fried D L. Least-square fitting a wave-front distortion estimate to an array of phase-difference measurements[J]. J. Opt. Soc. Am. A., 1977, 67(3): 370-375.

[23] Hudgin R H. Optimal waver-front estimation[J]. J. Opt. Soc. Am. A., 1977, 67(3): 378-382.

[24] Noll R J. Phase estimates from slope-type wave-front sensors[J]. J. Opt. Soc. Am. A., 1978, 68(1): 139-140.

[25] Southwell W H. Wave-front estimation from wave-front slope-type measurement[J]. J. Opt. Soc. Am. A., 1980, 70: 998-1006.

[26] 王映波. 一种区域波前重构的快速算法[J]. 强激光与粒子束, 1991, 3: 297-302.

[27] Wang J Y. Wave-front interpretation with zernike polynomials[J]. J. Opt. Soc. Am. A., 1980, 19: 1510-1518.

[28] Noll R J. Zernike polynomials and atmospheric turbulence[J]. J. Opt. Soc. Am. A., 1976, 66: 207-211.

[29] Wallner E P. Optimal wavefront correction using slope measurements[J]. J. Opt. Soc. Am. A., 1983, 73: 1771-1776.

[30] Petersen D P. Sampling and reconstruction of a turbulence-distorted wave-front[J]. J. Opt. Soc. Am. A., 1986, 13: 818-825.

[31] 李新阳, 姜文汉. 哈特曼传感器对湍流畸变波前的泽尼克模式复原误差[J]. 强激光与粒子束, 2002, 14(2): 243-249.

[32] 李新阳, 王春鸿. 自适应光学系统的实时模式复原算法[J]. 强激光与粒子束, 2002, 14(1): 53-56.

[33] 李新阳, 姜文汉. 自适应光学系统的最优斜率复原算法[J]. 光学学报, 2003, 23(6): 756-759.

[34] 李新阳, 王春鸿, 鲜浩, 等. 直接斜率波前复原算法的控制效果分析[J]. 光电工程, 1998, 6(6): 9-14.

[35] Muller R A, Buffington A. Real-time correction of atmospherically degraded telescope images through image sharpening [J]. J. Opt. Soc. Am. A., 1974, 64(9): 1200-1210.

[36] 姜文汉, 黄树辅, 吴旭斌. 爬山法自适应光学波前校正系统[J]. 中国激光, 1988, 15(1): 17-21.

[37] O'Meara T R. The multidither principle on adaptive optics[J]. J. Opt. Soc. Am. A., 1977, 67(3): 306-315.

[38] Vorontsov M A, Carhart G W. Adaptive optics based on analog parallel stochastic optimization: analysis and experimental demonstration[J]. J. Opt. Soc. Am. A., 2000, 17(8): 1440-1453.

[39] 杨慧珍, 李新阳, 姜文汉. 自适应光学系统随机并行梯度下降控制算法仿真与分析[J]. 光学学报, 2007, 27(8): 1355-1360.

[40] Zommer S, Ribak E N, Lipson S G, et al. Simulated annealing in ocular adaptive optics[J]. Opt. Lett., 2006, 31(7): 1-3.

[41] El-Agmy R, Bulte H, Greenaway A H, et al. Adaptive beam profile control using a simulated annealing algorithm[J]. Opt. Express, 2005, 13(16): 6085-6091.

[42] Mukai R, Wilson K, Vilnrotter V. Application of genetic and gradient descent algorithms to wave-front compensation for the deep-space optical communications receiver[R]. The Interplanetary Network Progress Report, 2005: 42-161.

[43] Yang P, Ao M W, Liu Y, et al. Intracavity transverse modes control by an genetic algorithm based on Zernike mode coefficients[J]. Opt. Express, 2007, 15: 17051-17062.

[44] Zakynthinaki M S, Saridakis Y G. Stochastic optimization for adaptive real-time wave-front correction[J]. Numerical Algorithms, 2003, 33: 509-520.

[45] Baranova N B. Wave-front dislocations topological limitations for adaptive systems with phase conjugation[J]. J. Opt. Soc. Am. A., 1983, 73(3): 525-528.

[46] Primmerman C A, Price T R, Humphreys R A, et al. Atomopheric-compensation experiments in strong-scintillation conditions[J]. Appl. Opt., 1995, 34(2): 2081-2088.

[47] Lukin V P, Fortes B V. Phase correction of an image turbulence broading under condition of strong intensity fluctuations[J]. Proc. SPIE, 1999, 3763: 61-72.

[48] 王英俭, 王春红. 激光实际大气传输湍流效应相位校正一些实验结果[J]. 量子电子学报, 1998, 15(2): 164-169.

[49] Hardy J W. Real-time wavefront correction system. U. S. Patent[P]. 3923400A, 1975.

[50] Hardy J W. Active optics: a new technology for the control of light[C]. Proc. IEEE, 1978, 66(6): 651-697.

[51] Asher R B, Neal R D. Adaptive estimation of aberration coefficients in adaptive optics[J]. Air Force Academy, CO. Frank J. Seiler Research Laboratory, SRL-TR-77-0009, 1977.

[52] Greenwood D P, Primmerman C A. Adaptive optics research at Lincoln Laboratory[J]. The Lincoln Laboratory Journal, 1992, 5(1): 3-24.

[53] Merkle F, Hubin H. Adaptive optics for the European very large telescope[C]. Proc. SPIE, 1991, 1542: 283-292.

[54] Gaffard J P, Boyer C. Adaptive optics: Transfer function molding[C]. Proc. SPIE, 1991, 1542: 46-64.

[55] Lena P J. Astrophsical results with the COME-ON Adaptive Optics System[C]. Proc. SPIE, 1994, 2201: 1099-1109.

[56] Salmon J T. Real time wavefront correction system using a zonal deformable mirror and a Hartmann sensor[C]. Proc. SPIE, 1991, 1542: 2-17.

[57] Steiner T D, Merritt P H. Airborne laser advanced technology[C]. Proc. SPIE, 1998: 3381.

[58] 姜文汉. 光电技术研究所的自适应光学技术[J]. 光电工程, 1995, 22(1): 1-13.

[59] Zhang Y D, Ling N, Yang Z P, et al. Adaptive optical system for ICF application[C]. Proc. SPIE, 2001, 4494: 96-103.

[60] Rao C H, Jiang W H, Zhang Y D, et al. Upgrade on 61-element adaptive optics system for 1.2m telescope of Yunnan observatory[C]. Proc. SPIE, 2004, 5490: 943.

[61] Rao C H, Jiang W H, Zhang Y D, et al. Performance on the 61 element upgraded adaptive optics system for 1.2m telescope of yunnan observatory[C]. Proc.SPIE, 2004, 5639: 11.

[62] 饶长辉, 姜文汉, 张雨东, 等. 云南天文台1.2m望远镜61单元自适应光学系统[J]. 量子电子学报, 2006, 3(3): 295-302.

[63] 凌宁, 官春林. 变形镜的发展[C]. 国家高技术计划信息领域信息获取与处理技术主体十周年汇报——自适应光学望远镜技术, 1996: 182-190.

[64] 鲜浩, 李华贵. 用 Hartmann-Shack 传感器测量激光光束的波前相位[J]. 光电工程, 1995, 2: 38-45.

[65] 姜文汉. 自适应光学技术进展[M]. 成都: 四川科学技术出版社, 2007.

[66] 阎吉祥, 俞信. 分层校正自适应光学系统相位层析技术[J]. 光学技术, 1996, 5: 5-8.

[67] 卢新然, 张洪涛, 王树洁, 等. 分层共轭自适应光学系统扩大校正视场的方法研究[J]. 长春理工大学学报, 2006, 29(1): 32-34.

[68] 虞益挺, 苑伟政, 乔大勇, 等. 分立活塞式 MEMS 微变形镜的系统级设计[J]. 传感技术学报, 2006, 5: 1761-1763.

[69] 饶伏波, 乔大勇, 苑伟政, 等. 几种分立式微变形镜的性能模拟与比较[J]. 光学仪器, 2005, 27(5): 60-63.

[70] 关秀丽. 基于液晶的波前校正器[J]. 机电产品开发与创新, 2006, 19(6): 54-55.

[71] 靳冬欢. 基于随机并行梯度下降算法的波前校正技术研究[D]. 长沙: 国防科学技术大学, 2006.

[72] 龙学军. 基于像质评价函数最优化的自适应波前控制技术研究[D]. 长沙: 国防科学技术大学, 2006.

[73] 杨振刚, 陈海清, 李捷, 等. 内腔自适应光学系统校正激光器畸变[J]. 光学学报, 2007, 12(12): 2205-2208.

[74] 余洪斌, 陈海清, 竺子民, 等. 星载自适应光学系统新型可变形反射镜的研究[J]. 压电与声光, 2005, 27: 352-355.

[75] 陈京元, 和成, 张定稳, 等. 丽江观测站1.8米望远镜自适应光学系统性能初步理论估计[J]. 天文研究与技术, 2013, 10(3): 308-320.

[76] 周仁忠, 阎吉祥. 自适应光学理论[M]. 北京: 北京理工大学出版社, 1996.

[77] 叶嘉雄, 余永林. 自适应光学[M]. 武汉: 华中理工大学出版社, 1992.

[78] 李新阳. 自适应光学系统模式复原算法和控制算法的优化研究[D]. 成都: 中国科学院光电技术研究所, 2000.

[79] Vorontsov M A, Carhart G W, Pruidze D V. Adaptive imaging system for phase-distorted extended source/multiple distance objects[J]. Appl. Opt., 1997, 36: 3319-3328.

[80] Tyson R K. Principles of Adaptive Optics[M]. New York: Academic, 1991.

[81] 姜文汉, 黄树辅, 吴旭斌. 爬山法自适应光学波前校正系统[J]. 中国激光, 1988, 15(1): 17-21.

[82] Jiang W H. Experiments on wavefront control using wavefront sensing and hill climbing techniques[J]. Proc. SPIE, 1989, 1114: 65-72.

[83] 王文明, 易樟, 姜文汉. KDP晶体在激光倍频过程中的自动定向[J]. 中国激光, 1987, 14(10): 603-606.

[84] Murray L P, Dainty J C, Daly L. Wavefront correction through image sharpness maximization[C]. Proc. SPIE, 2005, 5823: 40-47.

[85] Spall J C. Multivariate stochastic approximation using a simultaneous perturbation gradient approximation[J]. IEEE Trans. on Automatic control, 1992, 37: 332-341.

[86] Vorontsov M A, Carhart G C, Banta M, et al. Atmospheric laser optics testbed(A_LOT): Atmospheric propagation characterization, beam control and imaging results[C]. Proc. SPIE, 2003, 5162:37-48.

[87] Vorontsov M A. Adaptive photonics phase-locked elements(APPLE): System architecture and wavefront control concept[C]. Proc. SPIE, 2005: 589501-1-589501-10.

[88] Ting C, Giles M K. NMSU EORL adaptive optics test-bed and its performance evaluation[C]. Proc. SPIE, 2005: 58940U-1-58950U-10.

[89] Carchart G W, Vorontsov M A, Cohen M, et al. Adaptive wavefront correction using a VLSI implementation of the parallel gradient descent algorithm[C]. Proc. SPIE, 1999, 3760: 61-66.

[90] Vorontsov M A, Sivokon V P. Stochastic parallel gradient descent technique for high-resolution wavefront phase distortion correction[J]. J. Opt. Soc. Am. A., 1998, 15:2745-2758.

[91] Vorontsov M A, Carhart G W. Adaptive phase-distortion correction based on parallel gradient-descent optimization[J]. Opt. Lett., 1997, 22(12): 907-909.

[92] Vorontsov M A. Decoupled stochastic gradient descent optimization for adaptive optics: integrated approach for wave-front sensor information fusion[J]. J. Opt. Soc. Am. A., 2002, 19: 356-368.

[93] 杨慧珍. 无波前探测自适应光学随机并行优化控制算法及其应用研究[D]. 成都: 中国科学院光电技术研究所, 2008.

[94] 陈波. 基于随机并行梯度下降算法的自适应光学控制技术研究[D]. 成都: 中国科学院光电技术研究所, 2010.

[95] 杨慧珍, 李新阳, 姜文汉. 自适应光学技术在大气光通信系统中的应用进展[J]. 激光与光电子学进展, 2007, 44(10): 61-68.

[96] 杨慧珍, 李新阳, 姜文汉. 自适应光学系统几种随机并行优化控制算法比较[J]. 强激光与粒子束, 2008, 20(1): 11-16.

[97] 杨慧珍, 陈波, 李新阳, 等. 自适应光学系统随机并行梯度下降控制算法实验研究[J]. 光学学报, 2008, 28(2): 205-210.

[98] 杨慧珍, 陈波, 李新阳, 等. 无波前传感自适应光学技术及其在大气光通信中应用分析[J]. 中国激光, 2008, 35(5): 680-684.

[99] 陈波, 杨慧珍, 张金宝, 等. 点目标成像随机并行梯度下降算法目标函数与收敛速度[J]. 光学学报, 2009, 29(5): 1143-1148.

[100] 耿超, 李新阳, 张小军, 等. 倾斜相差对光纤激光相干合成的影响与模拟校正[J]. 物理学报, 2011, 60(11): 114202.

[101] Geng C, Luo W, Tan Y, et al. Experimental demonstration of using divergence cost-function in SPGD algorithm for coherent beam combining with tip/tilt control[J]. Opt. Express, 2013, 21(21): 25045-25055.

[102] 王三宏. 随机并行梯度下降自适应光学技术在光束净化中的应用[D]. 长沙: 国防科学技术大学, 2009.

[103] 王小林, 周朴, 马阁星, 等. 基于主动相位控制的脉冲激光相干合成技术[J]. 国防科技大学学报, 2012, 34(1): 33-37.

[104] Ma H T, Liu Z J, Xu X J, et al. Simultaneous adaptive control of dual deformable mirrors for full-field beam shaping with the improved stochastic parallel gradient descent algorithm[J]. Optics Letters, 2013, 38(3): 326-328.

[105] 孙穗, 梁永辉, 王三宏. 随机并行梯度下降自适应光学系统中算法收敛速度的仿真研究[J]. 光电工程, 2011, 38(12): 6-12.

[106] 王三宏, 梁水辉, 龙学军. 基于随机并行梯度下降算法的多级波前校正技术[J]. 中国激光, 2009, 36(5): 1091-1096.

[107] Carhart G W, Simer G J, Vorontsov M A. Adaptive compensation of the effects of non-stationary thermal blooming based on the stochastic parallel gradient descent optimization method[C]. Proc. SPIE, 2003, 5162: 28-36.

[108] Banta M, Vorontsov M A, Vecchia M D, et al. Adaptive system for eye-lens aberration correction based on stochastic parallel gradient descent optimization[C]. Proc. SPIE, 2002, 4493: 191-197.

[109] Weyrauch T, Vorontsov M A, Gowens G W, et al. Fiber coupling with adaptive optics for free-space optical communication[C]. Proc. SPIE, 2002, 4489: 177-184.

[110] Weyrauch T, Vorontsov M A. Mitigation of atmospheric-turbulence effects over 2.4km near-horizontal propagation path with 134 control-channel MEMS/VLSI adaptive transceiver system[C]. Proc. SPIE, 2003, 5162: 1-13.

[111] Lachinova S L, Vorontsov M A. Performance analysis of an adaptive phase-locked tiled fiber array in atmospheric turbulence conditions[C]. Proc. SPIE, 2005: 589500-1-589800-14.

[112] Weyrauch T, Vorontsov M A. Atmospheric compensation with a speckle beacon in strong scintillation conditions: Directed energy and laser communication applications[J]. Applied Optics, 2005, 44(30): 6388-6400.

第 2 章 随机并行梯度下降算法基本理论

无波前探测自适应光学技术由于其系统结构的特殊性,常规自适应光学系统控制方法对其不再适用,其控制方法则必然和各种最优化算法联系起来。本章首先探讨无波前探测自适应光学系统与最优化方法之间的关系,接下来重点讨论随机并行梯度下降算法相关理论基础。

2.1 无波前探测自适应光学系统的特点与最优化方法

由第 1 章 1.2.1 节的图 1-3 可知,无波前探测自适应光学系统主要由波前校正器、波前控制器及目标函数分析模块组成,其中目标函数分析模块可以直接利用从系统中相应的光电探测器读取的数据进行目标函数的计算。其系统结构和常规自适应光学系统相比,省去了波前传感器,不需要再进行波前测量和波前重构,把波前校正器所需控制信号作为优化参数,以成像清晰度、接收光能量等应用系统关心的系统目标函数直接作为优化算法的目标函数,优化得到接近理想的校正效果。

由于不再使用波前传感器探测畸变波前,所以波前控制器不能再利用波前畸变信息生成波前校正器的控制信号,常规自适应光学系统的控制方法对其不再适用。由无波前自适应光学系统工作原理可知,各种可能的最优化算法成为这类系统的主要控制方法。

首先讨论无波前探测自适应光学系统中的目标函数问题。目标函数又称为系统性能评价函数,不同的评价函数通常指导系统达到不同的最终状态,但是有时它们能够指导系统达到一个相同的状态。因此,对于一个特定的系统,人们可以构筑不同的评价函数来达到相同的目标状态。自适应光学系统的最终目标是完全补偿系统中的动态和(或)静态像差,所以其目标状态一般是去掉波前畸变后的理想平面波前。理想平面波前对应的像平面或接收口径上的光强为衍射极限——爱里斑形状,所以目标函数一般基于像平面或接收孔径上的光强而定义,常用的目标函数有以下几种[1]:

$$S_1 = \iint I^2(x,y) \mathrm{d}x\mathrm{d}y \tag{2-1}$$

$$S_2 = I(x_0, y_0) / I_0(x_0, y_0) \tag{2-2}$$

$$S_3 = \iint I_0(x,y) I(x,y) \mathrm{d}x\mathrm{d}y \tag{2-3}$$

$$S_4 = \iint M(x,y)I(x,y)\mathrm{d}x\mathrm{d}y \tag{2-4}$$

式中，$I(x,y)$ 为畸变波前远场光斑光强分布；$I(x_0,y_0)$ 为畸变波前远场光斑峰值强度；$I_0(x_0,y_0)$ 为理想波面远场光斑峰值强度；$I_0(x,y)$ 为理想波面远场光斑光强分布；$M(x,y)$ 为光阑的透过率函数；S_1 取远场光斑中的每一点光强平方求和，类似地还有 3 次方和、4 次方和等，这类指标又称为像清晰度评价函数；S_2 也就是通常所说的斯特列尔比（Strehl ratio，SR）；S_3 取理想波面远场光斑光强分布与畸变波前远场光斑光强分布对应点的乘积；S_4 中的光阑一般选取一个小孔，指标 S_4 又称为环围能量。当像差减小时，上述指标值均朝着增大的方向变化。当像差较大时，还可以使用平均半径（mean radius，MR）作为目标函数，定义如下。

像平面质心坐标：

$$x_0 = \frac{\iint xI(x,y)\mathrm{d}x\mathrm{d}y}{\iint I(x,y)\mathrm{d}x\mathrm{d}y}, \quad y_0 = \frac{\iint yI(x,y)\mathrm{d}x\mathrm{d}y}{\iint I(x,y)\mathrm{d}x\mathrm{d}y} \tag{2-5}$$

$$\mathrm{MR} = \frac{\iint |(x,y)-(x_0,y_0)|I(x,y)\mathrm{d}x\mathrm{d}y}{\iint I(x,y)\mathrm{d}x\mathrm{d}y} \tag{2-6}$$

式中，$|(x,y)-(x_0,y_0)|$ 指点 (x,y) 和质心 (x_0,y_0) 之间的距离。当像差减小时，MR 朝着减小的方向变化。

当然还可以有其他形式的目标函数作为系统优化的目标函数，如在上述目标函数的基础上增添惩罚项等。无论选取什么样的函数作为目标函数，必须满足下列两条标准。

（1）当算法收敛时，所选取的系统目标函数应能达到极值点，理想情况下，系统目标函数只有一个极值点。

（2）系统目标函数的测量时间应小于湍流畸变发生变化的时间。

有了对无波前探测自适应光学系统中目标函数的概念后，下面介绍优化算法。

通常采用迭代方法求它的最优解，其基本思想是：给定一个初始点 $x_0 \in \mathbf{R}^n$，按照某一个迭代规则产生一个点列 $\{x_k\}$，使得当 $\{x_k\}$ 是有穷点列时，其最后一个点是优化模型问题的最优解；当 $\{x_k\}$ 是无穷点列时，它有极限点，且其极限点是最优化模型问题的最优解。一个好的算法应具备的典型特征是：迭代点 x_k 能稳定地接近全局极值点 x^* 的领域，然后迅速收敛于 x^*。当给定的某种收敛准则满足时，迭代即终止。应该指出的是，在算法迭代过程中，实际可行的只是求一个局部极值点，而非总体极值点。求解总体极值当然也有可能性，但一般来说这是一个相当困难的任务。在很多实际应用中，求局部极值点已满足了问题的要求。上述思想可形式化描述如下。

设 x_k 为第 k 次迭代点，d_k 为第 k 次搜索方向，α_k 为第 k 次步长因子，则第 $k+1$ 次迭代为

$$x_{k+1} = x_k + \alpha_k d_k \tag{2-7}$$

从这个迭代公式可以看出，不同的步长因子 α_k 和不同的搜索方向 d_k 构成了不同的方法。最优化方法的基本结构简单总结如下。

首先给定初始点 x_0，之后完成下列步骤。

（1）确定搜索方向 d_k，即按照一定规则构造目标函数在 x_k 处向着优化的方向作为搜索方向。

（2）确定步长因子 α_k，使目标函数值作某种有意义的增减。

（3）令 $x_{k+1} = x_k + \alpha_k d_k$，若 x_{k+1} 满足某种终止条件，则停止迭代，得到近似最优解 x_{k+1}，否则重复以上步骤。

最优化方法按照确定搜索方向的不同方法大致可以分为两类：确定类算法和随机类算法。最速梯度下降、共轭梯度法等都属于确定类算法，这类算法中的目标函数信息完全已知，每一次迭代中的搜索方向和步长都是确定的。收敛速度快是其优点，但易陷入局部极值。

随机类算法属于非确定类算法，有以下两个典型特征：①输入信息中含有噪声，得到的测量值不仅与输入值有关，而且受到噪声的干扰；②在选择算法迭代的方向和步长时，有意注入随机性。随机扰动的注入使得算法能够跳出局部极值点而做到全局搜索，但一般收敛速度较慢，而且如果优化参数选择不当，还会出现不收敛的情况，尤其对于高维问题，效率较低。较常用的随机类算法有：随机搜索类，如瞎子爬山法；随机近似类，如同时扰动随机近似（SPSA）[2]；进化计算类，如遗传算法[3]、进化规划、进化策略等；其他类算法有模拟退火[4]、增强型学习等。

自适应光学系统应用中，控制参数一般为波前校正器驱动器的电压，目标函数可能是式（2-1）～式（2-6）中的任一个或其他形式的函数。这样的系统有以下几个特点。

（1）波前校正器一般是多单元器件，所以控制参数是一个多维向量。

（2）无法知道控制参数和目标函数之间的具体函数关系。

（3）系统的校正对象——畸变波前随时间发生变化。

（4）目标函数的测量值受到各种噪声的干扰，如光电探测器件探测噪声、电子线路产生的电子热噪声等。

可见，为这样一个系统选择合适的优化控制算法必须考虑到控制通道的多维性、控制对象的随机性及算法的鲁棒性。因此，各种随机并行类优化算法都可能成为无波前自适应光学系统的控制算法，如随机搜索算法、随机近似算法、遗传算法及模拟退火算法等。接下来讨论同时扰动随机近似算法以及由此产生的随机并行梯度下降算法，其他类型的随机并行优化算法将在第 4 章讨论。

2.2　随机近似类算法：同时扰动随机近似算法

在许多理论和实际应用中经常需要求出一个函数的零点或极值，如果函数有已知的解析表达式，那么理论上解决这个问题并不困难；如果不知道函数的表达式，但它在任一点的取值可以无误差地测量到，则仍有不少行之有效的数值方法可供选择；当既不知道函数的表达式，又不能无误差地测量到函数值时，如何求函数零点和极值，这就是随机逼近理论要解决的问题[5]。由前面对无波前探测自适应光学系统特点的介绍可以知道，无波前探测自适应光学系统既不能准确写出目标函数的表达式，又不能无误差地对函数值进行测量，所以必须采用随机逼近相关理论来解决这个问题。

设未知函数 $f(x)$ 为要优化的目标函数，它是一个标量函数，其中 $x \in \mathbf{R}^n$，为 n 维向量，则映射关系可表示为 $f: \mathbf{R}^n \to \mathbf{R}^1$，设它的零点为 x^*，即

$$f(x^*) = 0 \tag{2-8}$$

对 f 可以在任意点进行测量，但测量值带有噪声。设 x_k 为第 k 次测量时所取定的自变量值，则函数 $f(x)$ 的测量值为

$$y_k = f(x_k) + \varepsilon_k \tag{2-9}$$

式中，$\{\varepsilon_k\}$ 为测量噪声序列。现在的问题变为如何通过式（2-9）寻找函数 $f(x)$ 的零点。

1951 年，Robbins 和 Monro 首次提出了一种随机逼近算法，取数列 $\{a_i\}$ 为增益系数

$$a_i > 0, \quad \sum_{i=0}^{\infty} a_i = \infty, \quad \sum_{i=0}^{\infty} a_i^2 < \infty \tag{2-10}$$

对 x^* 的第 $k+1$ 次逼近为

$$x_{k+1} = x_k + a_k y_k \tag{2-11}$$

这就是著名的 Robbins-Monro(RM)算法。

之后不久，Kiefer 和 Wolfowitz 提出了 Kiefer-Wolfowitz(KW)算法，也就是求函数 $f(x)$ 极值的算法，此时式（2-11）变为

$$x_{k+1} = x_k + a_k f'(x_k) \tag{2-12}$$

式中，$f'(x_k)$ 为 $f(x_k)$ 在 x_k 处的导数。如果能够直接测量 $f'(x_k)$，则问题归结为上面的 RM 算法。但是只有函数 $f(x)$ 的测量值可用时，只好利用测量值的差商来估计 $f(x)$ 在 x 处的导数，这就是 KW 算法的基本思想[6]，KW 算法又称为有限差分随机近似（finite difference stochastic approximation，FDSA）算法。

导数或梯度估计值的获得是随机近似的核心部分，可采用中心差分近似或前向差分近似的方式计算[7]。若 x 为 n 维向量，对于 FDSA 算法来说，完成 n 个分量的梯度估计，则至少需要 n 个目标函数的测量值（对于前向差分，若为中心差分则需 $2n$ 个），而目标函数的测量或计算是整个算法中最耗时和所需存储空间最大的步骤。因此随着 n 的增加，尤其 n 较大时，由于采用串行方式逐维进行估计，所需存储空间和测量（计算）时间可观。

针对多维问题，Spall 于 1992 年提出同时扰动随机近似算法，通过采用并行扰动

的方式同时进行 n 个分量的梯度估计,代替了 FDSA 算法中的有限差分近似,显著提高了算法的收敛速度,并节省了大量的存储空间[2],具体做法为

$$y_k^+ = f(x_k + c_k\Delta_k) + \varepsilon_k^+ \qquad (2\text{-}13\text{a})$$

$$y_k^- = f(x_k - c_k\Delta_k) + \varepsilon_k^- \qquad (2\text{-}13\text{b})$$

式中,y_k^+ 和 y_k^- 分别为施加正向扰动和施加负向扰动的测量值;$\Delta_n \in \mathbf{R}^n$,$\{\Delta_{ni}\}(i=1,2,\cdots,n)$ 独立同分布(independent identically distributed)为随机变量序列,且关于零对称分布;c_k 为正的标量值;ε_k^+ 和 ε_k^- 都为测量噪声项。第 k 次迭代时,$f(x)$ 的导数 $f'(x)$ 的估计值为

$$f'(x) = \begin{Bmatrix} \dfrac{y_k^+ - y_k^-}{2c_k\Delta_{k1}} \\ \vdots \\ \dfrac{y_k^+ - y_k^-}{2c_k\Delta_{kn}} \end{Bmatrix} \qquad (2\text{-}14)$$

从式(2-14)可以看出,无论 x 的维数多大,每次迭代估计梯度所需函数的测量值仅为 2 次,和 FDSA 相比,SPSA 极大地减少了梯度估计所需函数测量值的个数。

从表面上来看,至少在 $f(x)$ 的测量值没有被噪声污染时,FDSA 会产生一个非常好的近似梯度,因为它是按照严格微积分来定义的;相比而言 SPSA 所得到的梯度估计值相对于真实梯度来说不是一个很好的估计。事实上,在合理的情况下,SPSA 的近似梯度值和 FDSA 的一样好,尽管前者在一次迭代中只使用了目标函数的两个测量值,而后者需要 N 或 $2N$ 个。文献[2]和文献[8]给出了 SPSA 算法的有关无偏性、收敛性和渐近正态性证明,文献[9]～文献[12]给出了 SPSA 算法全局性问题的证明和相关讨论,在此不再赘述。

2.3 神经网络应用中随机误差下降算法

神经网络,或者更精确地说是人工神经网络,是一种植根于许多学科的技术,其中涉及神经科学、数学、统计学、物理学、计算机科学和工程学。神经网络具有一个重要性质[13],即在有教师或无教师的情况下能够从输入数据中进行学习,这使得它在不同领域得到应用,如建模、时间序列分析、模式识别、信号处理和控制等。其中在教师学习类神经网络中,教师可以根据自身掌握的一些知识为神经网络提供对训练样本的期望响应,期望响应一般都代表着神经网络完成的最优动作。误差函数被定义为神经网络实际响应与期望响应之差,误差函数又称为代价函数。网络训练的目的是使代价函数最小,这类网络往往可以较好地完成诸如模式分类、函数逼近之类的任务。在神经网络训练的过程中,如何使代价函数能够又快又准确地趋于最小?

Amir 和 Thomas 受模拟硬件处理机制的启发，于 1990 年提出了非模型依赖分布式（mode-free distributed）算法[14]。设误差函数为 $\varepsilon(x)$，此时 x 为网络中的可调参数。为最小化误差函数，采用最速梯度下降法，参数增量为

$$\Delta x = -\eta \frac{\mathrm{d}\varepsilon}{\mathrm{d}x} \tag{2-15}$$

式中，η 为一个正值小量。一般情况下，直接计算 $\varepsilon(x)$ 的梯度是非常麻烦甚至不可能的，因此有必要考虑采用更灵活和实用的方式来确定参数更新原则。非模型依赖分布式算法利用时变扰动信号 π 并行迭加到参数 x 上，得到误差函数值 $\varepsilon(x+\pi)$，然后将 π 与 $\varepsilon(x+\pi)$ 取相关，进而得到参数增量 Δx，即

$$\Delta x = -\mu\varepsilon(x+\pi)\pi \tag{2-16}$$

式中，μ 为一个小的正值。

1993 年，约翰·霍普金斯大学（Johns Hopkins University）的 Cauwenberghs 对上述分布式算法进行了改进，利用 $\hat{\varepsilon} = \varepsilon(x+\pi) - \varepsilon(x)$ 代替 $\varepsilon(x+\pi)$，得到新的参数更新公式

$$\Delta x = -\mu\hat{\varepsilon}\pi \tag{2-17}$$

这就是随机误差下降算法。由于去掉了与扰动 π 无关的偏置项 $\varepsilon(x)$，算法的收敛速度有了显著提高[15]。

1997 年，Vorontsov 等参考 SPSA 算法和随机误差下降算法提出了 SPGD 算法，并首次在自适应成像系统中使用 SPGD 算法进行波前校正[16]。

2.4 自适应光学系统中梯度下降类算法

自适应光学系统应用中，目标函数与控制参数之间无法写出具体的函数关系，优化算法实现过程中，只有目标函数的测量值可供使用，且目标函数的测量值含有噪声，因此真实的梯度信息无法知道。这种情况下只能根据测量得到的有关信息进行梯度的估计。不同的梯度估计方法和不同的随机扰动施加方式构成了不同的梯度下降方法。20 世纪 90 年代以前的梯度分量估计基本上是通过孔径标记技术的时分（time division）[17]或频分（frequency division）[18]方式实现的。时分就是顺序梯度下降方法，类似于随机近似算法中的有限差分随机近似；频分称为多元高频振动，是针对自适应光学的特点而提出的一种并行扰动近似算法。20 世纪 90 年代后期至今，使用最多的是随机并行梯度下降算法，下面分别进行讨论。

在自适应光学系统应用中，假设目标函数为 $J(x)$，当控制参数为波前校正器各驱动器电压时，用 u 代替 x，控制参数为其他时仍使用 x，其中 u 和 x 是多维向量，u 的维数同波前校正器驱动器个数，x 的维数视具体情况而定，以后各章节中与此相同。本章中的讨论认为控制参数为波前校正器各驱动器电压 u。

2.4.1 顺序梯度下降算法

使用离散时间序列 $t_k = k\Delta t$ 表示迭代过程的第 k 个步骤，Δt 为测量目标函数所需时间，根据所使用探测设备的不同而不同。t_k 时刻，第 k 个步骤的具体实现过程如下。

（1）测量目标函数 $J(t_k)$。

（2）施加电压向量 $[u_1^{(k)} + \Delta u_1, \cdots, u_j^{(k)}, \cdots, u_N^{(k)}]$，测量 $J_1(t_k)$；施加电压向量 $[u_1^{(k)}, \cdots, u_j^{(k)} + \Delta u_j, \cdots, u_N^{(k)}]$，测量 $J_j(t_k)$；施加电压向量 $[u_1^{(k)}, \cdots, u_j^{(k)}, \cdots, u_N^{(k)} + \Delta u_N]$，测量 $J_N(t_k)$；其中 N 为波前校正器驱动器个数。

（3）计算 $\{\Delta J_j^{(k)} = J_j(t_k) - J(t_k)\}$。

（4）通过控制电压的变化进行下一次迭代，即 $u_j^{(k+1)} = u_j^{(k)} + \gamma_j(\delta J_j^{(k)}/\Delta u_j)$；$\gamma_j$ 为一个小的常量，若朝着目标函数极大值方向优化，则 γ_j 取正值，否则取负值。

在这种情况下，波前控制器的信噪比以及控制精度独立于控制通道个数 N，但是梯度估计所需要的时间随着 N 的增加而成比例增加。收敛速度慢是该算法的最大问题，当 N 增加时，优化过程所需收敛时间迅速增加，至少为 N^2。

2.4.2 多元高频振动算法

顺序梯度下降算法所带来的耗时问题可以通过使用多元高频振动算法来减少，多元高频振动算法可以看作常规梯度下降算法的并行模拟实现。扰动 $\delta u_j = \alpha \sin(\omega_j t)$ 以谐波信号的形式并行施加到所有驱动器控制电极上，不同的 δu_j 具有不同的振动频率，α 是一个小的振幅值。目标函数的变化量为

$$\delta J = \alpha \sum_{j=1}^{n} \frac{\partial J}{\partial u_j} \sin(\omega_j t) + \frac{\alpha^2}{2} \sum_{j,k}^{N} \sin(\omega_j t)\sin(\omega_k t) + \cdots \quad (2\text{-}18)$$

使用同步探测器将每一个控制通道的回波信号与本机振动信号 ω_j 进行同步检测并低通滤波完成对梯度分量的估计。

多元高频振动算法一定程度上解决了顺序梯度下降算法所存在的耗时问题，但它本身的实现方式带来了其他问题。为提供有效的信号解调，振动频率的频率间隔应当至少为系统控制带宽的两倍。对于使用分立活塞式变形镜的自适应光学系统，最大振动频率为[19]

$$\omega_{\max} = [10 + 1.6(N-1)]\omega_0 \quad (2\text{-}19)$$

式中，ω_0 表示系统控制带宽。随着控制通道个数的增加，对变形镜的带宽提出了严格要求。如果控制通道有 100 个，系统带宽为 300Hz，则要求波前校正器的带宽大约为 50kHz，以目前的技术条件而言，不太可能实现。多元高频振动算法另外一个主要缺陷是随着 N 的增加，系统信噪比成比例地降低[20]，因而对参考光源的光流密度要求比较高。另外随着 N 的增加，系统电子线路复杂度大幅增加，工程实现起来难度加大。

以上两种方法所存在的缺陷对于分辨率和实时性要求较高的自适应光学系统来说几乎是致命的，因为高分辨率意味着驱动器个数 N 较大，实时性则要求系统能够快速收敛。同时这也解释了为什么基于系统目标函数直接优化的自适应光学技术在 20 世纪 80 年代后期几乎被完全放弃而使用基于相位共轭原理自适应光学技术的事实。

2.4.3 随机并行梯度下降算法

通过前面对顺序梯度下降控制算法和多元高频振动技术原理及特点的讨论，可以知道 20 世纪 80 年代后期研究和工程人员开始把重点放在基于相位共轭原理的自适应光学技术中，从而使得基于系统目标函数直接优化的自适应光学技术的研究和应用几乎被搁浅。但是这种局面随着各种随机并行优化算法的发展成熟正逐渐得到改善。其中，美国陆军研究实验室的 Vorontsov 提出的 SPGD 算法给无波前探测自适应光学技术的发展和应用注入了活力。同时由于该技术不需要进行波前的测量和相位的重构，省去了波前传感器，从而使得系统复杂性大大降低。除了自适应光学技术常规的应用领域外，该系统为把自适应光学技术应用到波前测量比较困难的环境中提供了可能，从而进一步拓展了自适应技术的应用空间。因此，基于系统目标函数直接优化的无波前探测自适应光学技术又逐渐成为世界各国研究的热点。

SPGD 算法基本思想描述如下：设当前驱动器控制器电压为 $\boldsymbol{u}^{(k)} = (u_1, \cdots, u_j, \cdots, u_N)$，第 k 次迭代时，小的随机扰动向量 $\{\delta u_j\}(j=1,\cdots,N)$ 被并行施加到波前校正器的 N 个驱动器。此时系统目标函数产生的相应变化 δJ 为

$$\delta J = J(u_1 + \delta u_1, \cdots, u_j + \delta u_j, \cdots, u_N + \delta u_N) - J(u_1, \cdots, u_j, \cdots, u_N) \quad (2\text{-}20)$$

然后使用目标函数的变化量 δJ 和随机扰动 $\{\delta u_j\}$ 进行第 k 次迭代的梯度估计。在梯度下降方向进行控制参数的迭代，即

$$\boldsymbol{u}^{(k+1)} = \{u_j^{(k+1)}\} = \{u_j^{(k)} - \gamma \delta J \delta u_j\} \quad (2\text{-}21)$$

式（2-21）中假设向着目标函数极小的方向优化，γ 取正值。

具体实现步骤如下（第 k 次迭代时）。

（1）测量或计算目标函数 $J(\boldsymbol{u}^{(k)}) = J(u_1, \cdots, u_j, \cdots, u_N)$。

（2）在当前电压基础上，向波前校正器各驱动器施加随机扰动 $\{\delta u_j\}$，施加的电压向量为 $\boldsymbol{u}' = \{u_1 + \delta u_1, \cdots, u_j + \delta u_j, \cdots, u_N + \delta u_N\}$。

（3）测量或计算 $\delta J = J(\boldsymbol{u}') - J(\boldsymbol{u}^{(k)})$。

（4）使用乘积 $\{\delta J \delta u_j\}$ 进行梯度的估计。在梯度下降方向上，按照式（2-21）更新控制电压，得到 $\boldsymbol{u}^{(k+1)}$。

（5）判断是否满足算法结束条件。如满足则结束算法迭代过程；如不满足则进行第 $k+1$ 次迭代，转步骤（1）。

上述迭代公式或实现步骤存在以下问题。

（1）数学上标准梯度下降迭代过程的严格定义为 $u_j^{(k+1)} = u_j^{(k)} - \gamma(\partial J / \partial u_j)$，但在步骤（4）或式（2-21）中使用了 $\{\delta J \delta u_j\}$ 估计真实梯度分量 $(\partial J / \partial u_j)$，这种估计方式是否存在合理性？

（2）式（2-21）中控制参数 u 的变化量以及变化方向 $\Delta u = \{-\gamma \delta J \delta u_j\}$ 是否能够有效地使目标函数的变化量 $\Delta J = J(u^{k+1}) - J(u^k)$ 为负值，也就是说使得目标函数向着极小的方向前进？

（3）步骤（2）中并行扰动施加方式和顺序梯度下降算法相比，收敛速度如何？

（4）控制算法收敛后，整个系统的稳定性怎样？

其实问题（1）和问题（2）关系到 SPGD 算法的收敛性；问题（3）关系到 SPGD 算法的收敛速度问题；问题（4）是系统的稳定性问题。

2.5 SPGD 算法收敛性分析

首先分析问题（1）。对式（2-20）中的 δJ 进行泰勒级数展开，可得

$$\delta J = \sum_{j=1}^{N} \frac{\partial J}{\partial u_j} \delta u_j + \frac{1}{2} \sum_{j,l}^{N} \frac{\partial^2 J}{\partial u_j \partial u_i} \delta u_j \delta u_i + \cdots \qquad (2\text{-}22)$$

两边同乘以 δu_j 得

$$\delta J \delta u_j = \frac{\partial J}{\partial u_j} (\delta u_j)^2 + \psi_j \qquad (2\text{-}23)$$

式中，

$$\psi_j = \sum_{m \neq j}^{N} \frac{\partial J}{\partial u_m} (\delta u_m \delta u_j) + \frac{1}{2} \sum_{m,i}^{N} \frac{\partial^2 J}{\partial u_m \partial u_i} (\delta u_m \delta u_i \delta u_j) + \cdots \qquad (2\text{-}24)$$

式（2-23）中的乘积 $\delta J \delta u_j$ 由两项组成：真实梯度项 J'_j 和噪声项 ψ_j。扰动 $\{\delta u_j\}$ 是随机变量，对于 $\langle \delta J \delta u_j \rangle$ 和 $\langle \psi_j \rangle$ 的期望有

$$\langle \delta J \delta u_j \rangle = \frac{\partial J}{\partial u_j} \langle (\delta u_j)^2 \rangle + \langle \psi_j \rangle \qquad (2\text{-}25)$$

式中，

$$\langle \psi_j \rangle = \sum_{m \neq j}^{N} \frac{\partial J}{\partial u_m} \langle \delta u_m \delta u_j \rangle + \frac{1}{2} \sum_{m,i}^{N} \frac{\partial^2 J}{\partial u_m \partial u_i} \langle \delta u_m \delta u_i \delta u_j \rangle + \cdots \qquad (2\text{-}26)$$

由于 SPGD 算法中，随机扰动 $\{\delta u_j\}$ 一般被选择为具有零均值和等方差的统计独立变量，可得到 $\langle \delta u_j \delta u \rangle_i = \sigma^2 \delta_{ji}$ 和 $\langle \delta u_j \rangle = 0$，其中 δ_{ji} 是 Kronecker 符号（$j=i$ 时，

$\delta_{ji}=1$，其他情况下为 0)。概率分布 $\{p(\delta u_i)\}$ 被假定为关于它们的均值对称，此时对于统计独立变量，所有的 j、i、l，$\langle \delta u_j \delta u_i \delta u_l \rangle = 0$。注意到概率分布密度具有对称性的函数具有奇数阶中心矩为 0 的事实，可得 $\langle (\delta u_j)^3 \rangle = 0$。因此，式（2-26）可以写成 $\langle \psi_j \rangle = O(\sigma^4)$，从而式（2-25）可以写成

$$(1/\sigma^2)\langle \delta J \delta u_j \rangle = (\partial J / \partial u_j) + O(\sigma^2) \quad (2\text{-}27)$$

从式（2-27）可以看出，仅使用目标函数变化量 δJ 和随机扰动 $\{\delta u_j\}$ 信息便可以得到真实梯度分量 $\{J'_j\} = \{\partial J / \partial u_j\}$ 的一个精确度为 $O(\sigma^2)$ 的估计。随机梯度的这个特性是在标准的梯度下降算法中使用乘积 $\{\delta J \delta u_j\}$ 来代替真实梯度分量 $\{J'_j\}$ 的主要动机。

现在来看问题（2），算法经过一次完整的迭代后，目标函数的变化量 $\Delta J = J(\boldsymbol{u}^{k+1}) - J(\boldsymbol{u}^k)$ 是否为负值？从式（2-21）可知，控制参数 $\boldsymbol{u}$ 的变化量为 $\Delta \boldsymbol{u} = \{-\gamma \delta J \delta u_j\}$，再根据式（2-22）可得

$$\begin{aligned}
\Delta J &= \sum_{j=1}^{N} \frac{\partial J}{\partial u_j}(\Delta u_j) = \sum_{j=1}^{N} \frac{\partial J}{\partial u_j}(-\gamma \delta J \delta u_j) \\
&= -\gamma \sum_{j=1}^{N} \frac{\partial J}{\partial u_j} \left[\frac{\partial J}{\partial u_j}(\delta u_j)^2 + \psi_j \right] \\
&= -\gamma \sum_{j=1}^{N} \left(\frac{\partial J}{\partial u_j} \delta u_j \right)^2 - \gamma \sum_{j,i \neq j}^{N} \frac{\partial J}{\partial u_j} \frac{\partial J}{\partial u_i} \delta u_j \delta u_i
\end{aligned} \quad (2\text{-}28)$$

对于统计独立扰动，求平均值，式（2-28）变成

$$\langle \Delta J \rangle = -\gamma \sigma^2 \sum_{i=1}^{N} \left(\frac{\partial J}{\partial u_i} \right)^2 + O(\gamma \sigma^4) \quad (2\text{-}29)$$

从前面的介绍可知，γ 和随机扰动方差 σ^2 均为小的正数，因而式（2-29）中的期望 $\langle \Delta J \rangle$ 是一个负值，这意味着式（2-21）在平均情况下为系统目标函数提供了一个下降。注意到式（2-28）的最后一项是统计独立的随机被加数之和，即使是一个较小的随机扰动，当 N 较大时该项就会趋于 0。基于这个原因，哪怕是一次迭代都可以使得目标函数减小，即 $\Delta J < 0$。

2.6 SPGD 算法收敛速度分析

首先从信息论的角度来看待随机并行梯度下降算法。从前面对 SPGD 算法基本思想的介绍可以知道：在每个时间点上，SPGD 算法在 N 维方向同时施加扰动 $\delta \boldsymbol{u} =$

$\{\delta u_1, \cdots, \delta u_N\}$，即从 N 个不同的信道向系统注入信息。然后使用 δJ 来描述整个系统对 $\delta \boldsymbol{u} = \{\delta u_1, \cdots, \delta u_n\}$ 的响应，也就是说全局响应信息通过一个单一的信道反映出来。平均来讲，这样一个算法最多仅能从 $N^{1/2}$ 个有效通道上抽取关于系统响应的信息，这个上限仅当扰动是完全统计独立，利用全信道带宽的条件才可以达到。最差的情形是算法仅能从一个单一的、低带宽的信道抽取一个标量信息，顺序梯度下降算法属于这种情况。因此，使用随机并行扰动的 SPGD 算法相对于使用单个串行扰动的顺序梯度下降算法可以获得一个大小为 $N^{1/2}$ 的加速因子[15]。

下面给出相关证明。由式（2-22）可得

$$\delta J = \sum_{j=1}^{N} \frac{\partial J}{\partial u_j} \delta u_j + O(|\delta \boldsymbol{u}|^2) \tag{2-30}$$

由式（2-21）可得

$$\Delta \boldsymbol{u} = -\gamma \delta J \delta \boldsymbol{u} \tag{2-31}$$

将式（2-30）代入式（2-31）得

$$\Delta u_l = -\gamma \delta J \delta u_l = -\gamma \sum_{j=1}^{N} \frac{\partial J}{\partial u_j} \delta u_j \delta u_l + O(|\delta \boldsymbol{u}|^2)(-\gamma \delta u_l) \tag{2-32}$$

对于互不相关的扰动 δu_l，作统计平均则有

$$\langle \Delta \boldsymbol{u} \rangle = -\gamma \sigma^2 \frac{\partial J}{\partial \boldsymbol{u}} + O(\sigma^3) \tag{2-33}$$

从式（2-33）可以看出从平均意义上来说，SPGD 算法实现了如下纯梯度下降，即

$$\Delta \boldsymbol{u} = -\eta \frac{\partial J}{\partial \boldsymbol{u}} \tag{2-34}$$

式中，η 表示有效学习速率，$\eta = \gamma \sigma^2$。

在 SPGD 算法中，常量 γ 不能被随意增加以提高速度。$|\Delta \boldsymbol{u}|$ 的最大值依赖于性能评价函数 J 的陡度和非线性，但在很大程度上独立于算法本身。$|\Delta \boldsymbol{u}|$ 的值如果过大，则会引起迭代过程的不稳定性，这种情况和纯梯度下降算法类似。对 $|\Delta \boldsymbol{u}|$ 加以限制可以明确地表示出 SPGD 算法相对于其他算法可达到的最大速度。由式（2-31）得

$$|\Delta \boldsymbol{u}|^2 = \gamma^2 (\delta J)^2 |\delta \boldsymbol{u}|^2 \approx N\gamma^2 (\delta J)^2 \sigma^2 \tag{2-35}$$

上式后面的约等式适用于 N 较大时，以便于 $|\delta \boldsymbol{u}|^2$ 能够满足中心极限定理。将式（2-30）代入式（2-35），并取数学期望可得

$$|\Delta \boldsymbol{u}|^2 \approx N\gamma^2 (\delta J)^2 \sigma^2 = N\gamma^2 \left[\sum_{j=1}^{N} \frac{\partial J}{\partial u_i} \delta u_i + O(|\delta \boldsymbol{u}|^2) \right]^2 \sigma^2 \tag{2-36a}$$

$$\langle |\Delta\boldsymbol{u}|^2 \rangle = N\gamma^2\sigma^2 \left\langle \left[\sum_{j=1}^{N} \frac{\partial J}{\partial u_i} \delta u_j \right]^2 \right\rangle \tag{2-36b}$$

$$= N\gamma^2\sigma^4 \left|\frac{\partial J}{\partial \boldsymbol{u}}\right|^2 = (N^{1/2}(\gamma\sigma^2))^2 \left|\frac{\partial J}{\partial \boldsymbol{u}}\right|^2$$

式（2-36b）可以写成

$$\langle |\Delta\boldsymbol{u}|^2 \rangle = (N^{1/2}(\gamma\sigma^2))^2 \left|\frac{\partial J}{\partial \boldsymbol{u}}\right|^2 \tag{2-37}$$

γ 可达到的最大值可以依据纯梯度下降算法中 η 的最大值来表示。由式（2-34）得

$$|\Delta\boldsymbol{u}|_{\max}^2 = \eta_{\max}^2 \left|\frac{\partial J}{\partial \boldsymbol{u}}\right|_{\max}^2 \tag{2-38}$$

对式（2-37）作同样分析得

$$\langle |\Delta\boldsymbol{u}|^2 \rangle_{\max} = (N^{1/2}(\gamma_{\max}\sigma^2))^2 \left|\frac{\partial J}{\partial \boldsymbol{u}}\right|_{\max}^2 \tag{2-39}$$

对比式（2-38）和式（2-39）可以得到关于学习速率的一阶近似为

$$\eta_{\max} \sim N^{1/2}\gamma_{\max}\sigma^2 \tag{2-40}$$

所以可以得到与 SPGD 算法的式（2-35）相关的最大有效学习速率为

$$\eta_{\mathrm{eff}} = N^{-1/2}\eta_{\max} \tag{2-41}$$

相对而言，$\eta_{\max}$ 是纯梯度下降算法的最大学习速率。这意味着就平均来讲，最优条件下，纯梯度下降算法的收敛速度将比 SPGD 算法快 $N^{1/2}$ 倍。按照类似的观点，对于串行扰动，有效学习速率满足

$$\eta_{\mathrm{eff}} = N^{-1}\eta_{\max} \tag{2-42}$$

从式（2-42）可以得到纯梯度下降算法比串行扰动梯度下降算法快 N 倍的结论；换言之，并行扰动的 SPGD 算法比串行扰动梯度下降快 $N^{1/2}$ 倍。N 越大，这种优势越明显。

2.7 SPGD 算法稳定性分析

使用最优控制理论的基本概念来分析 SPGD 算法的稳定性。最优控制问题的一般数学模型可表示为[21]

$$\min J[\boldsymbol{u}(t)]$$
$$\mathrm{s.t.}\ \dot{\boldsymbol{x}}(t) = f(\boldsymbol{x}(t), \boldsymbol{u}(t), t)$$
$$\boldsymbol{x}(t_0) = a$$

式中，$J[u(t)]$ 为目标函数；$x(t)$ 为 n 维状态向量，$\dot{x}(t) = dx(t)/dt$；$u(t)$ 为 m 维控制向量（$m \leq n$）；$\dot{x}(t) = f(x(t), u(t), t)$ 称为系统的状态方程；$x(t_0) = a$ 称为初始条件。其内部数学机制是：按照一定规律不断改变控制变量，使系统从一种状态转移到另一种状态，并最终使系统的目标函数 $J[u(t)]$ 达到极值。

自适应光学系统中，设残余相位为 $\phi(r) = \varphi(r) + m(r)$，其中 $\varphi(r)$ 为初始畸变波前，$m(r)$ 为波前校正器引入的相位，$r = \{x, y\}$ 为正交于光轴的平面中的向量，$\varphi(r)$ 和 $m(r)$ 都是连续函数。算法迭代过程中，可以认为 $\varphi(r)$ 基本不变，因此系统目标函数 J 可以看作 $m(r)$ 的非线性函数，即

$$J \propto J[\phi(r)] = J[m(r)] \tag{2-43}$$

波前校正器引入的相位 $m(r)$ 可用各个驱动器影响函数 $S_j(r)(j = 1, 2, \cdots, N)$ 的线性组合表示，即

$$m(r, t) = \sum_{j=1}^{N} u_j(t) S_j(r) \tag{2-44}$$

式中，$\{u_j\}$ 为驱动器电压控制向量。因此，式（2-43）又可以写成

$$J \propto J[\phi(r)] = J[m(r)] = J(u_1, u_2, \cdots, u_N) \tag{2-45}$$

由此可见，残余相位 $\phi(r)$ 相当于状态向量，$m(r)$ 相当于控制向量，相应的状态方程为

$$\dot{\phi}(r) = \dot{m}(r) = f(\dot{\phi}(r), m(r), t) \tag{2-46}$$

初始条件为 $\phi_0(r) = \varphi(r)$，$\{u_j\} = 0$。

采用最速梯度下降算法对系统目标函数进行优化，则 $f(\phi(r), m(r), t) = -\gamma \Delta J[m(r)]$。式（2-46）可变为

$$\dot{m}(r) = \frac{\partial m(r, t)}{\partial t} = -\gamma \Delta J[m(r)] \tag{2-47}$$

将式（2-44）代入式（2-47）可以得到算法适应过程中描述控制信号变化趋势的非线性常微分方程[22]，对第 j 个控制通道而言，有

$$\frac{du_j(t)}{dt} = -\gamma J'_j(u_1, \cdots, u_N) = -\gamma \frac{\partial J}{\partial u_j}, \quad j = 1, \cdots, N \tag{2-48}$$

现在讨论式（2-48）的稳定性，从式（2-48）可以得到

$$\frac{dJ(t)}{dt} = \sum_{j=1}^{N} \frac{\partial J}{\partial u_j} \frac{du_j(t)}{dt} = -\gamma \sum_{j=1}^{N} \left(\frac{\partial J}{\partial u_j} \right)^2 \leq 0 \tag{2-49}$$

从 J 的定义可以知道，J 是一个正的标量函数，再由式（2-49）可知 $J(u_1, \cdots, u_N)$ 是一个

李雅普诺夫函数，满足 $J>0$ 且 $J'(u,t) \leqslant 0$。由李雅普诺夫稳定性定理可知式（2-48）在 $\{u_j\}=0$ 附近是稳定的。从式（2-48）可以得到离散情况下 u_j 的表达式为

$$u_j^{(n+1)} = u_j^{(n)} - \gamma J_j'(u_1^{(n)}, \cdots, u_N^{(n)}), \quad j=1,\cdots,N \quad (2\text{-}50)$$

2.8 本章小结

本章从无波前探测自适应光学系统的特点出发，分析了无波前探测自适应光学系统控制与最优化算法之间的关系。对 SPGD 控制算法提出的理论背景进行了详细介绍。最后就 SPGD 算法的收敛性、收敛速度和稳定性问题分别进行了分析和理论探讨，为下一步 SPGD 算法的具体应用打下了基础。值得说明的是，本章只是从基本原理出发，给出了 SPGD 控制算法的相关基础理论，值得进一步探讨的问题还有很多，例如，SPGD 控制算法能够做到收敛却不能保证一定收敛到全局极值，除非使用的目标函数是单调的；收敛速度从统计意义上来说，可以比串行扰动梯度下降快 $N^{1/2}$ 倍，但具体实现时与控制算法的具体参数也有很大关系，这些问题值得进一步探讨。

参 考 文 献

[1] 周仁忠, 阎吉祥, 赵达尊, 等. 自适应光学[M]. 北京: 国防工业出版社, 1996.

[2] Spall J C. Multivariate stochastic approximation using a simultaneous perturbation gradient approximation[J]. IEEE Trans. on Automatic control, 1992, 37: 332-341.

[3] 李民强, 寇纪淞, 林丹, 等. 遗传算法的基本理论与应用[M]. 北京: 科学出版社, 2002.

[4] 康立山, 谢云, 尤矢勇, 等. 非数值并行算法——模拟退火算法[M]. 北京: 科学出版社, 2003.

[5] 陈翰馥. 随机逼近[M]. 上海: 上海科学技术出版社, 1996.

[6] Kiefer J, Wolfowitz J. Stochastic estimation of the maximum of a regression function[J]. Ann. Math. Stat., 1952, 23: 462-466.

[7] 袁亚湘. 最优化理论与方法[M]. 北京: 科学出版社, 2006.

[8] Spall J C. A stochastic approximation algorithm for large-dimensional systems in the Kiefer-Wolfowitz setting[C]. IEEE Conf. Decision Control, 1988: 1544-1548.

[9] Maryak J L, Chin D C. Global random optimization by simultaneous perturbation stochastic approximation[C]. Am.Control Conf., Arlington, VA, 2001: 756-762.

[10] Fang H, Gong G, Qian M. Annealing of iterative stochastic schemes[J]. SIAM J. Control Optim., 1997, 35(6):1886-1907.

[11] Yin G. Rates of convergence for a class of global stochastic optimization algorithms[J]. SIAM J. Optim., 1999, 10(1): 99-120.

[12] Maryak J L, Chin D C. Global random optimization by simultaneous perturbation stochastic

approximation[J]. Johns Hopkins APL Technical Digest, 2004, 25: 91-100.

[13] Haykin S. 神经网络原理[M]. 叶世伟, 史忠值, 译. 北京: 机械工业出版社, 2004.

[14] Amir D, Thomas K. Model-free distributed learning[J]. IEEE Transactions on Neural Networks, 1990, 1(1): 58-70.

[15] Cauwenberghs G. A fast stochastic error-decent algorithm for supervised learning and optimization[C]. Advances in Neural Information Processing Systems, 1993, 5: 244-251.

[16] Vorontsov M A, Carhart G W. Adaptive phase-distortion correction based on parallel gradient-descent optimization[J]. Opt. Lett., 1997, 22(12): 907-909.

[17] 姜文汉, 黄树辅, 吴旭斌. 爬山法自适应光学波前校正系统[J]. 中国激光, 1988, 15(1): 17-21.

[18] O'Meara T R. The multidither principle on adaptive optics[J]. J. Opt. Soc. Am. A., 1977, 67(3): 306-315.

[19] Pearson J E, Hansen S. Experimental studies of a deformable-mirror adaptive optical system[J]. J. Opt. Soc. Am. A., 1977, 67(3): 325-333.

[20] Kokorowski S A, Pedinoff M E, Pearson J E. Analytical, experimental and computer simulation results on the interactive effects of speckle with multi-dither adaptive optics systems[J]. J. Opt. Soc. Am. A., 1977, 67(3): 333-345.

[21] 卢险峰. 最优化方法应用基础[M]. 上海: 同济大学出版社, 2003.

[22] Vorontsov M A, Carhart G W. Adaptive optics based on analog parallel stochastic optimization: Analysis and experimental demonstration[J]. J. Opt. Soc. Am. A., 2000, 17(8): 1440-1453.

第二篇　基于 SPGD 控制算法的 AO 系统基本性能研究

　　本篇分别以 32 单元变形镜、61 单元变形镜为波前校正器件,建立基于 SPGD 控制算法的自适应光学数值仿真和实验平台,分析无波前探测自适应光学系统的基本性能,包括收敛速度、校正能力、全局寻优、系统带宽及目标函数对收敛速度和校正效果的影响等基本性能。

第 3 章 SPGD 控制算法静态畸变校正仿真与分析

无波前探测自适应光学系统主要由波前校正器、波前控制器及目标函数分析模块三部分组成,其中目标函数分析模块可以直接利用从系统中相应的光电探测器件读取的数据进行目标函数的计算。SPGD 是一种非模型依赖控制算法,不需要系统的任何先验知识,可以不依赖于固定类型的波前校正器和固定类型的光电探测器件。本章以中国科学院光电技术研究所自行研制的 32 单元压电陶瓷变形镜为波前校正器原型,通用的 CCD 作为成像探测器件,建立基于 SPGD 控制算法的自适应光学系统模型。研究 SPGD 算法的收敛性及其对静态波前畸变的校正能力,重点考察算法增益系数和随机扰动幅度之间的关系及其对校正效果和收敛速度的影响。

3.1 仿真模型介绍

采用 SPGD 算法的 32 单元自适应光学系统仿真模型如图 3-1 所示,主要由波前校正器(32 单元变形镜)、光源、成像系统(CCD)、目标函数分析模块及 SPGD 控制算法组成。图 3-1 中,$\varphi(r)$ 为原始畸变波前;$m(r)$ 是变形镜引入的校正相位;$\phi(r) = \varphi(r) + m(r)$ 是残余相位;$r = \{x, y\}$ 为正交于光轴的平面中的向量,$\varphi(r)$、$m(r)$ 都是连续函数;J 为系统目标函数;$u = \{u_1, u_2, \cdots, u_{32}\}$ 为控制变形镜 32 个驱动器的电压向量。

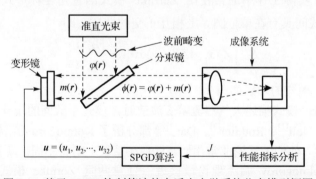

图 3-1 基于 SPGD 控制算法的自适应光学系统仿真模型框图

系统工作原理:首先由目标函数分析模块计算目标函数 J 的变化量 ΔJ,SPGD 模块根据 ΔJ 计算出 $u = \{u_1, u_2, \cdots, u_{32}\}$,并施加到变形镜各驱动器;其次由指标分析模块计算校正相位后残余波前的系统目标函数;如此迭代进行,直至满足系统对指标的要求为止。迭代的过程是在参数空间中寻找最佳电压向量 $u = \{u_1, u_2, \cdots, u_{32}\}$，使得变形镜逐步生成一个趋于原始波前 $-\varphi(r)$ 的 $m(r)$，从而使残余波前 $\phi(r)$ 最小，系统目标函数 J 趋于最优。下面讨论每个模块的具体实现。

3.2 静态波前畸变生成

波前像差可以采用一系列正交多项式的线性组合表示。在波前分析中，通常把多项式的每一项称为一阶波前模式。在圆域内通常把畸变波前用 Zernike 多项式的线性组合表示[1]，即

$$\varphi(r,\theta) = \alpha_0 + \sum_{k=1}^{p} \alpha_k Z_k(r,\theta) \tag{3-1}$$

式中，α_0 是波前整体平移项，在自适应光学控制中一般不考虑；r 表示极轴；θ 表示极角；α_k 是第 k 项 Zernike 多项式系数；p 是采用的多项式总项数；$Z_k(r,\theta)$ 是第 k 项 Zernike 多项式的二维极坐标表达式，定义为

$$\begin{cases} Z_{evenk}(r,\theta) = \sqrt{2(n+1)} R_n^m(r) \cos(m\theta) \\ Z_{evenk}(r,\theta) = \sqrt{2(n+1)} R_n^m(r) \sin(m\theta) \end{cases}, \quad m \neq 0 \\ Z_k(r,\theta) = \sqrt{n+1} R_n^0(r), \quad m = 0 \\ R_n^m(r) = \sum_{s=0}^{(n-m)/2} \frac{(-1)^s (n-s)!}{s![(n+m)/2-s]![(n-m)/2-s]!} r^{(n-2s)} \\ m \leq n, \quad n - |m| = \text{even} \end{cases} \tag{3-2}$$

式中，m、n 分别是多项式的角向频率数和径向频率数，是反映 Zernike 多项式空间频率的重要参数。实际工作中通常使用 Zernike 模式的直角坐标形式 $Z_{(k)}(x,y)$。各个 Zernike 波前模式间具有在单位圆 S 上相互正交的性质，即

$$S^{-1} \int_S Z_i(x,y) Z_j(x,y) \mathrm{d}x \mathrm{d}y = \begin{cases} 1, & i = j \\ 0, & i \neq j \end{cases} \tag{3-3}$$

前 20 阶 Zernike 模式的形状如图 3-2 所示。

当用 Zernike 模式描述大气湍流畸变波前时，模式系数间的统计相关性与大气湍流的特性有关。Noll[1]、Roddier[2]、Dai[3]等都分析了 Kolmogorov 湍流下 Zernike 模式间的统计相关性，他们的结论非常相似，只是在系数上略有不同。以下是 Dai 的结论，他的结果与 Kolmogorov 湍流理论最接近。任意两阶 Zernike 模式系数 $\alpha_j(n,m)$ 和 $\alpha_{j'}(n',m')$ 间的时间相关性为

$$<\alpha_j \alpha_{j'}> = \frac{2.246(-1)^{(n+n'-2m)/2}[(n+1)(n'+1)]^{1/2} \Gamma[(n+n'-5/3)/2] \delta_{mm'}}{\Gamma[(n-n'+17/3)/2] \Gamma[(n'-n+17/3)/2] \Gamma[(n+n'+23/3)/2]} \tag{3-4}$$

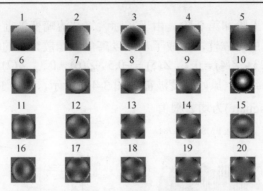

图 3-2 前 20 阶 Zernike 模式形状灰度图

式中，<·>表示信号的系综平均；Γ(·)是伽马函数。上式构成一个对称的 Zernike 模式统计相关矩阵 C_z，其对角线元素值与 Kolmogorov 湍流下各阶 Zernike 模式的方差成正比。考虑到湍流强度的影响，模式相关矩阵应为 $C_z(D/r_0)^{5/3}$，其中 D 为光学系统主孔径，r_0 为大气相干长度。在实际大气中得到的各阶 Zernike 模式方差的统计分布实验结果如图 3-3 所示。在大气湍流引起的光波波前畸变中，低频成分占绝大多数。特别是整体倾斜误差占全部光波畸变误差的 87%左右，而离焦和像散占 7.9%左右，前 10 阶约占 96.11%，前 20 阶约占 97.86%。如果不考虑整体倾斜项，则离焦和像散占剩余像差的 61%，3～10 阶占剩余像差的 72%，3～20 阶占剩余像差的 84%[1]。

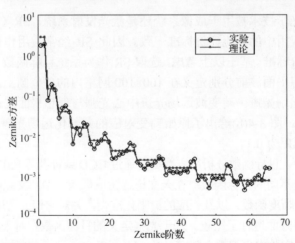

图 3-3 大气湍流畸变波前中各阶 Zernike 模式方差统计分布的实际测量结果与理论结果对比

从图 3-3 可以看出理论结果与实验结果是比较符合的，这在一定程度上说明了使用 Zernike 多项式描述实际大气湍流畸变波前的合理性。本章中的静态畸变波前将采用 Zernike 多项式生成。

考虑到所采用的 32 单元变形镜不用于倾斜校正，在生成畸变波前时未考虑倾斜项，即图 3-2 中的第 1 阶和第 2 阶。由于实际大气湍流畸变波前中低阶分量占主要部分，为增加数值仿真的可靠性，生成了一帧以离焦和像散为主的畸变波前。3~10 阶系数如下：$Z(3)=1.223$，$Z(4)=0.7$，$Z(5)=-0.5$，$Z(6)=0.3$，$Z(7)=-0.4$，$Z(8)=-0.3$，$Z(9)=0.3$，$Z(10)=-0.1$。原始畸变波前如图 3-4(a)所示，其中 PV(peak value)为峰谷值，RMS(root mean square)为均方根值。

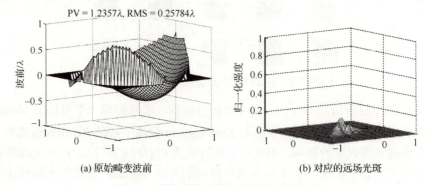

(a) 原始畸变波前　　　　　　　　　　(b) 对应的远场光斑

图 3-4　原始畸变波前和对应的远场光斑

3.3　目标函数分析模块

不管自适应光学技术被用于成像系统还是激光发射系统，SR（定义为式（2-2））的大小都与具体应用中的性能评价标准一致。因此 SR 经常被用作自适应光学领域一个通用的性能评价标准。基于以上考虑，选取 SR 作为系统目标函数 J。具体做法如下：将畸变波前和理想平面波前分别定义在 100×100 网格内的单位圆上，通过傅里叶变换计算波前对应的远场光斑。畸变波远场光斑中心光强与理想平面波远场光斑中心光强之比即为峰值 SR。图 3-4(b)给出了原始畸变对应的归一化远场光斑，从上述 SR 的定义可以知道初始 SR 为 0.1。

在实际应用中，目标函数分析所需数据可通过 CCD 或针孔等光电探测器获取，并针对不同的应用定义不同的目标函数。在天文望远镜成像应用中，文献[4]定义了几种成像质量标准（成像清晰度函数）以及相应的清晰化准则，并对它们的适用场合、校正带宽、对倾斜的敏感性等方面进行了比较。基于光强定义的目标函数相对来说使用最普遍。在自由空间光通信的实验中也把耦合效率（coupling efficiency）作为系统目标函数[5]。

3.4　波前校正器

从对自适应光学系统工作原理的介绍可以知道，波前误差的补偿是由波前校正器来完成的。波前校正器是一种与传统光学元件完全不同的能动光学器件，它能在外加控制下实现高速高精度的光学镜面面形变形、平移或转角,从而改变光学系统的波前相位。正是由于这种特殊光学器件应用到光学系统中,从根本上改变了传统光学技术对外界动态干扰无能为力的状态,解决了自古以来长期困扰人们的一道难题。波前相位的变化可以通过透射元件的折射率改变或者反射面位移产生光程改变来实现。自适应光学技术中目前使用最多的是反射式波前校正器,又称为变形反射镜(简称变形镜),它具有高的响应速度、大的校正动态范围、光程校正量与波长无关、并能承受较大功率的优点。在静止时完全具有普通反射镜的性能,同时它在工作时整个镜面能够实时可控地改变,而且停止工作后仍保持原始精度和性能。变形镜分类很多,现代自适应光学系统中的变形镜普遍采用玻璃表面材料和压电陶瓷驱动器构成的连续表面分立驱动器结构,如图 3-5 所示。变形镜的驱动器数目从几十到几百个不等,按照一定规律黏结到表面材料上。当所有驱动器都施加一定规律的电压时,就可以产生希望的变形。

本次仿真所使用的变形镜原型为反射式、压电陶瓷、连续表面、分立驱动器结构,通光口径为 120cm,驱动器间距为 23cm,各驱动器呈正方形排布。图 3-6 为 32 单元变形镜驱动器位置排布图。

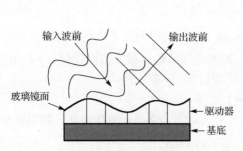

图 3-5 变形镜的工作原理

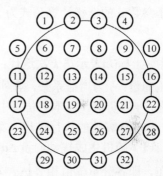

图 3-6 变形镜驱动器位置排布图

仿真中按照通光口径和驱动器间距对各驱动器坐标在单位圆内进行归一化,驱动器归一化间距为 0.383。据测试 32 单元变形镜影响函数近似为高斯形式[6],即

$$S_j(r) = S_j(x,y) = \exp\{\ln\omega[\sqrt{(x-x_j)^2+(y-y_j)^2}\,/d]^\alpha\} \quad (3-5)$$

式中,$S_j(r)$ 为第 j 个驱动器的影响函数;(x_j, y_j) 为第 j 个驱动器的位置;ω 为驱动器交连值;d 为驱动器间距;α 为高斯指数。经实际测试交连值为 0.08,高斯指数为 2。由变形镜引入的校正面形变 $m(r)$ 可用各个驱动器影响函数 $S_j(r)$ 的线性组合表示为

$$m(r) = \sum_{j=1}^{32} u_j S_j(r) \quad (3-6)$$

式中,u_j 为第 j 个驱动器所加电压。

J 与变形镜引入的校正相位 $m(r)$ 之间的关系为

$$J \propto J[\phi(r)] = J[\varphi(r) + m(r)] \quad (3\text{-}7)$$

校正过程中原始畸变 $\varphi(r)$ 不变，J 可以看作 $m(r)$ 的非线性函数。再由式（3-6）知，J 是 32 个驱动器电压变量的非线性函数，即 $J = J(\boldsymbol{u}) = J(u_1, u_2, \cdots, u_{32})$。

3.5 SPGD算法模块

SPGD 算法的执行过程已在第 2 章作了详细介绍，在此简单总结如下。

目标函数 J 的变化量为

$$\Delta J^{(k)} = J_+^{(k)} - J_-^{(k)} \quad (3\text{-}8)$$

式中，$J_+^{(k)}$ 和 $J_-^{(k)}$ 的计算公式分别为

$$J_+^{(k)} = J(\boldsymbol{u}^{(k)} + \Delta \boldsymbol{u}^{(k)}) \quad (3\text{-}9a)$$

$$J_-^{(k)} = J(\boldsymbol{u}^{(k)} - \Delta \boldsymbol{u}^{(k)}) \quad (3\text{-}9b)$$

电压参数 $\boldsymbol{u}$ 的迭代计算公式为

$$\boldsymbol{u}^{(k+1)} = \boldsymbol{u}^{(k)} + \gamma \Delta \boldsymbol{u}^{(k)} \Delta J^{(k)} \quad (3\text{-}10)$$

式中，上标 (k) 表示第 k 次迭代；$\Delta \boldsymbol{u}^{(k)} = \{\Delta u_1, \Delta u_2, \cdots, \Delta u_n\}^{(k)}$ 为第 k 次迭代时施加的扰动电压向量；γ 为增益系数，在实际应用中，如使目标函数向极大方向优化，γ 取正值；反之，γ 取负值。在本书仿真中以 SR 极大化为目标，γ 取正值。

SPGD 算法的执行过程（第 k 次迭代时）如下。

（1）随机生成扰动向量 $\Delta \boldsymbol{u}^{(k)} = \{\Delta u_1, \Delta u_2, \cdots, \Delta u_n\}^{(k)}$，各 Δu_i 相互独立且同为伯努利分布，即各分量幅值相等 $|\Delta u_j| = \sigma$，$\Pr(\Delta u_j = \pm \sigma) = 0.5$。

（2）使用式（3-8）和式（3-9）计算目标函数的变化量 $\Delta J^{(k)}$。

（3）利用式（3-10）更新控制参数，进行第 $k+1$ 次迭代，直至满足算法结束条件。

3.6 仿真结果与分析

依据仿真模型使用 MATLAB 语言编写 SPGD 算法的仿真程序，进行各项性能的研究[7]。

3.6.1 算法收敛性验证

当使用不同的初始随机扰动向量时，算法的收敛性会略有不同。增益系数、随机扰动幅度均固定，随机运行程序 50 次的 SR 变化曲线如图 3-7 所示。1000 次迭代后，46 条收敛到全局极值 0.97 附近，3 条分别收敛到 0.86、0.803 和 0.73，1 条未完全收敛，这证实了 SPGD 算法陷入局部极值的可能，同时表明 SPGD 算法至少能够以 90%的概

率收敛到全局极值。从虚线交点之间的曲线分布可以看出，收敛到全局极值的 46 条曲线收敛速度不同。SR 达到 0.8 时，最快（左边交点）仅需 81 次，最慢（右边交点）需 336 次。为得到更符合统计意义的评价标准，把 50 条 SR 曲线取平均值作为仿真结果，如图 3-7 中带圈的粗线所示，SR 为 0.8 时需 171 次迭代。以下每个仿真实验都是若干次运算的统计平均结果。算法收敛到全局极值时，残余波前及其远场光斑如图 3-8(a)和图 3-8(b)所示。由图 3-7 和图 3-8 可知，SPGD 算法的收敛性及其对静态像差的校正效果都很好。

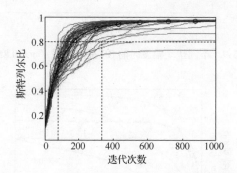

图 3-7 不同初始随机扰动向量的 SR 变化曲线

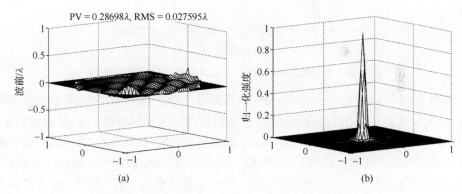

图 3-8 算法完全收敛后的残余波前和对应的远场光斑

3.6.2 对同一种畸变取不同扰动幅度和增益系数

图 3-9 给出了增益系数固定在 0.85、取不同扰动幅度时的 SR 变化曲线，曲线所标数据为随机扰动的幅值。从图 3-9 可以看出扰动幅值从 0.1 到 0.5 再到 1，收敛速度有逐步加快的趋势；而从 1 到 1.5 再到 2 收敛速度逐步变慢。可见针对仿真中的畸变类型，在 $\gamma = 0.85$ 时，合适的随机扰动幅值范围应为 0.5~1.5。

图 3-10 给出了扰动幅度固定在 1、取不同增益系数时的 SR 变化曲线，曲线所标数据为增益 γ 的大小。

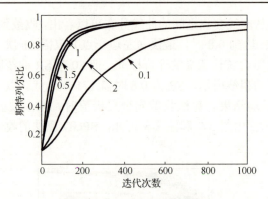

图 3-9　不同扰动幅度时的 SR 变化曲线（$\gamma = 0.85$）

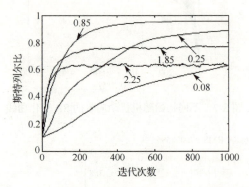

图 3-10　不同固定增益时的 SR 变化曲线（扰动幅度为 1）

从图 3-10 可以看出，若 γ 太小则收敛速度慢，当 $\gamma = 0.08$ 时，1000 次迭代 SR 仅达到 0.64；γ 过大，开始阶段收敛较快，但随后算法陷入局部极值，当 SR 收敛到 0.63，$\gamma = 0.85$ 时，是一种比较理想的情况，171 次迭代后，SR 达到 0.8，既保证了收敛速度又保证了系统校正能力；比较 $\gamma = 1.85$ 和 $\gamma = 2.25$ 时的 SR 曲线可以看出，随着 γ 的增大 SR 曲线开始出现抖动，且随着 γ 的增大抖动现象越来越明显。显然，太大或者太小的增益都是不合适的。通过多次仿真得到的结果分析，可以认为增益系数最佳取值范围为 0.65～1，而且这个范围同样适用于其他类型初始 SR 大于 0.1 的畸变。

综合以上分析，固定的增益系数存在合适的扰动幅度范围，而固定的扰动幅度存在合适的增益系数取值范围。因此就扰动幅度和增益系数而言，在具体应用中只需把其中一个固定在合适的范围内，调整另外一个即可。

3.6.3　固定增益和随机扰动幅度对不同程度畸变的适应情况

实际应用中，人们更想知道对系统参数不作任何调整的情况下，系统对不同程度畸变的适应能力。将图 3-4(a)的畸变放大或缩小一定倍数而得到具有不同初始 SR 的畸变，考察算法对这些畸变的校正能力。图 3-11 给出了这些畸变的 SR 变化曲线，曲线所标数据为 SR 初始值，增益系数 γ 设定为 0.85，扰动幅度设定为 1。初始 SR 大于 0.1，算法收敛到 0.97 以上；小于 0.1，则收敛到相对较低的 SR。表 3-1 为各曲线的初始 SR 与算法结束的 SR 对比。

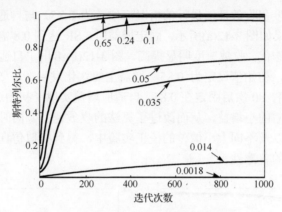

图 3-11 固定增益对不同畸变的适应情况

从表 3-1 中最后一列数据可以看出，当波前畸变很大，初始 SR 降至 1‰量级时，采用 SPGD 算法的自适应光学系统仍具有一定的校正能力。

表 3-1 不同初始 SR 的提高倍数

初始 SR	0.653	0.24	0.1	0.05	0.035	0.014	0.0018
最终 SR	0.995	0.98	0.97	0.74	0.64	0.11	0.008
SR 提高倍数	1.52	4.08	9.7	14.8	18.28	7.85	4.44

3.6.4 自适应增益

图 3-9、图 3-10 及图 3-11 中的增益系数 γ 在算法迭代过程中不发生变化，即增益固定。从图 3-10 可以看出，随机扰动幅度固定在 1 时，较大的 γ，算法收敛速度较快，但很快收敛于局部极值；γ 较小时，算法收敛速度慢。根据这个结论，可以考虑在算法的迭代过程中进行 γ 的自适应调整。在迭代初始阶段，系统向着优化方向前进需要大的步长时选择大的增益，以增加收敛速度；而迭代中后期，选择小增益以获得更好的校正效果。

可以根据距当前最近几次迭代信息（参数的变化量以及参数的变化对目标函数的影响）来确定当前增益。第 k 次迭代时，增益系数 γ 的更新过程为

$$\gamma^{(k+1)} = \gamma^{(k)} + \alpha(\gamma_0 - \gamma^{(k)}) + \xi \bar{H}_1^{(k)} \bar{H}_2^{(k)} \bar{H}_3^{(k)} \quad (3-11)$$

式中，$H_1^{(k)} = \left|\mathrm{sign}(\Delta J_+^{(k)}) - \mathrm{sign}(\Delta J_-^{(k)})\right|$，$H_2^k = \left|\Delta J^{(k)}\right|$，$H_3^{(k)} = \sum_{i=1}^{l}\left|J^{(k)} - J^{(k-l)}\right|$，为降低

噪声影响,将上述各式取一定迭代次数内的平均,即 $\bar{H}_i^{(k)} = (1/M)\sum_{m=0}^{M} H_i^{(k-m)}$；$\alpha$ 和 ξ 为常系数。仿真中各参数分别取值为 $\alpha = 0.25$，$\xi = 30$，$\gamma_0 = 1.35$，$l = 5$，$M = 5$。取固定增益中收敛速度和收敛性能最好的情况（增益为 0.85）与自适应增益的 SR 变化曲线进行比较,结果如图 3-12(a)所示。固定增益时,SR 达到 0.8 需 171 次迭代；自适应增益只需 116 次迭代,收敛速度明显提高。图 3-12(b)给出了自适应增益的前 200 次迭代增益变化曲线,初始值设定为 0.85。增益主要变化发生在前 50 次,最大值时为 2.54,增加将近 3 倍,80 次后固定在 0.85。自适应增益实现了初始迭代所需的大增益,算法趋于收敛时所需的小增益,从而改进了算法的收敛速度。同时,将自适应增益应用到不同类型像差以及不同大小像差的校正实验中,得到类似仿真结果,说明本章的研究结果具有一定的普遍性。

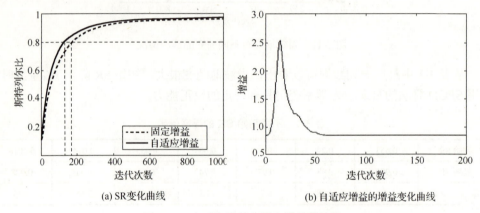

(a) SR变化曲线　　　　　　　　(b) 自适应增益的增益变化曲线

图 3-12　自适应增益与固定增益的比较

3.7　本章小结

本章以 32 单元变形镜为校正器,建立了基于 SPGD 算法的自适应光学系统仿真模型。仿真结果验证了随机并行梯度下降算法的收敛性及该类型的自适应光学系统对静态波前畸变的校正能力,并指出通过增益系数的自适应调整可以改进算法收敛速度,从而为基于系统性能指标直接优化技术的自适应光学系统的进一步研究提供了理论依据,并为作者今后开展基于 SPGD 算法的实验工作打下了基础。

本章的工作初步研究了 SPGD 算法在自适应光学中的应用,涉及的问题还有很多,例如,研究 SPGD 算法对不同种类不同单元数校正器的自适应光学系统的校正效果、对不同性能指标函数的校正效果等。

参 考 文 献

[1] Noll R J. Zernike polynomials and atmospheric trubulence[J]. J. Opt. Soc. Am. A., 1976, 66(3): 207-211.

[2] Roddier N. Atmospheric wavefront simulation using Zernike polynomials[J]. Optical Engineering, 1990, 9(10): 1174-1180.

[3] Dai G M. Modal compensation of atmospheric turbulence with the use of Zernike polynomials and Karhunen-Loeve functions[J]. J. Opt. Soc. Am. A., 1995, 12(10): 2182-2193.

[4] 周仁忠, 阎吉祥, 赵达尊, 等. 自适应光学[M]. 北京: 国防工业出版社, 1996.

[5] Weyrauch T, Vorontsov M A, Gowens I I J W, et al. Fiber coupling with adaptive optics for free-space optical communication[C]. Proc. SPIE, 2002, 4489: 177-184.

[6] 饶学军, 凌宁, 姜文汉. 用数字干涉仪测量变形镜影响函数的实验研究[J]. 光学学报, 1995, 15(10): 1443-1449.

[7] 杨慧珍, 李新阳, 姜文汉. 自适应光学系统随机并行梯度下降控制算法仿真与分析[J]. 光学学报, 2007, 27(8): 1355-1360.

第4章 几种随机并行优化算法在AO系统中应用的比较

自适应光学系统技术经常被用于校正由大气湍流或系统设备所产生的波前像差，这要求波前校正器有非常短的响应时间，目标函数测量设备有非常短的读出时间，也就是说目标函数的测量和计算时间都非常短，控制算法有较快的收敛速度。从控制理论角度来说，自适应光学系统是一个随动、多通道控制系统，实时性要求比较高。20世纪90年代后期出现了一批发展较为成熟的随机并行优化算法，这些算法的显著特征就是以并行方式实现，控制参数的所有维并行更新，对高维问题的应用有着独特的优势。因此，每一种算法都可能被应用到自适应光学系统中，有必要对几种常用的随机并行优化算法进行比较和理论分析，为工程应用提供参考。

4.1 基于随机并行优化算法的自适应光学系统仿真模型

基于32单元变形镜建立无波前探测自适应光学系统仿真模型，从收敛速度、校正效果、局部极值以及实现的难易性对遗传算法（genetic algorithm，GA）、模拟退火（simulated annealing，SA）算法、随机并行梯度下降（SPGD）算法、模式提取算法（algorithm of pattern extraction，Alopex）进行比较。仿真模型和工作原理同3.1节，本章不再赘述。

从3.2节知道使用Zernike多项式生成畸变的合理性，本章的校正对象依然使用Zernike多项式生成，低阶分量占大部分。各阶系数如下：$Z(3)=1.288$，$Z(4)=0.35$，$Z(5)=-0.32$，$Z(6)=0.3$，$Z(7)=-0.28$，$Z(8)=-0.25$，$Z(9)=0.22$，$Z(10)=-0.1$，初始SR为0.1。原始畸变波前如图4-1(a)所示。自适应光学系统仿真模型在PC上实现，CPU为Intel Pentium 4处理器，主频为2.9GHz，内存为1024MB RAM，编程环境为MATLAB 6.5。目标函数依然采用峰值SR，图4-1(a)的畸变波前对应的远场光斑如图4-1(b)所示，初始SR为0.1。

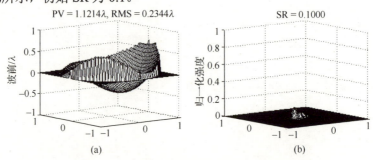

图4-1 (a)原始畸变波前和(b)相应的远场光斑

4.2 随机并行优化算法介绍

本节介绍各种随机并行优化算法的基本思想及其在无波前探测自适应光学系统应用中的实现方法。

4.2.1 随机并行梯度下降算法

随机并行梯度下降算法利用目标函数测量值的变化量 ΔJ 与控制参数的变化量 Δu 进行控制参数的梯度估计，以迭代方式在梯度下降方向进行控制参数的搜索。第 k 次迭代时，电压向量 $u = \{u_1, u_2, \cdots, u_{32}\}$ 的计算公式为

$$u^{(k+1)} = u^{(k)} + \gamma \Delta u^{(k)} \Delta J^{(k)} \qquad (4\text{-}1)$$

式中，$\Delta u^{(k)} = \{\Delta u_1, \Delta u_2, \cdots, \Delta u_n\}^{(k)}$ 为第 k 次迭代时施加的扰动电压向量，常用扰动向量的分布形式参考文献[1]。γ 为增益系数，在实际应用中，如使目标函数向极大方向优化，γ 取正值，反之，γ 取负值。在本章仿真中以 SR 极大化为目标，γ 取正值。

根据梯度估计的方法不同，SPGD 算法又可分为单边扰动 SPGD 算法和双边扰动 SPGD 算法，二者的主要区别在于 ΔJ 的计算方法不同。

采用双边扰动 SPGD 算法 ΔJ 的计算公式为

$$\Delta J^{(k)} = J_+^{(k)} - J_-^{(k)} \qquad (4\text{-}2)$$

式中，$J_+^{(k)}$ 和 $J_-^{(k)}$ 的计算公式为

$$J_+^{(k)} = J(u^{(k)} + \Delta u^{(k)}) \qquad (4\text{-}3a)$$

$$J_-^{(k)} = J(u^{(k)} - \Delta u^{(k)}) \qquad (4\text{-}3b)$$

采用单边扰动 SPGD 算法 ΔJ 的计算公式为

$$\Delta J^{(k)} = J^{(k)} - J^{(k-1)} \qquad (4\text{-}4)$$

以下简称单边扰动 SPGD 为 U-SPGD，双边扰动 SPGD 为 B-SPGD。

4.2.2 遗传算法

遗传算法是一种建立在生物进化论中优胜劣汰、适者生存的物种选择思想上的搜索算法。20 世纪 50 年代初，一些生物学家开始尝试用计算机模拟生物系统，从而产生了 GA 的基本思想。美国密歇根大学的霍勒德（Holland）于 20 世纪 70 年代初提出并创立了遗传算法。遗传算法作为一种解决复杂问题的崭新的有效优化方法，近年来得到了广泛的实际应用，同时渗透到了人工智能、机器学习、模式识别、图像处理、软件技术等计算机科学领域[2]。

遗传算法将个体的集合——群体作为处理对象，利用遗传操作——选择、交叉和

变异运算使群体不断进化，直到成为满足要求的最优解。考虑到物种的进化或淘汰取决于它们在自然界中的适应程度，GA 为每一个体计算一个适应度值或评价值，以反映其好坏程度。个体的适应度值越高，就有更大的可能性生存和再生，即它的表示特征有更大的可能性出现在下一代中。遗传操作"交叉"旨在通过交换两个个体的子串来实现进化；遗传操作"突变"则随机地改变串中的某一（些）位的值，以期产生新的遗传物质或再现已在进化过程中失去的遗传物质。

在自适应光学系统应用中，把电压向量 $u = \{u_1, u_2, \cdots, u_{32}\}$ 作为进化的个体，个体中的每一位采用十进制编码。在遗传算法中，把系统的目标函数 J 称为适应度函数。下面讨论仿真中所使用的 3 种算子实现方法。设种群规模为 N，进化的代数为 L，首先随机生成 N 个电压向量 $u = \{u_1, u_2, \cdots, u_{32}\}$，即 N 个个体。图 4-2 为遗传算法执行流程图。

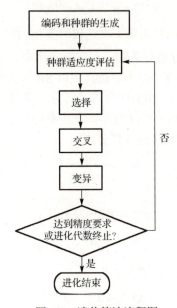

图 4-2　遗传算法流程图

（1）选择算子：将 N 个个体分别施加到变形镜 32 个驱动器上，得到 N 个适应度。将种群中个体按适应度从小到大排序，最优个体位于最后。令下一代中前 20% 的个体由适应度最大的 n 个个体按一定比例复制生成，以保存上一代中的最佳个体。然后按适应度比例法，对 20%～40% 的个体依上一代中的第 $N-n$、$N-n-1$、$\cdots$ 个次优个体倒序进行复制。其余 60% 的个体从上一代中直接继承，这部分个体为整个种群中的较优组分。这样设计的选择算子使得种群中的优势个体得到有效保持，避免了最优个体会丢失的可能性且不会致使进化发生早熟收敛。

（2）交叉算子：交叉运算是进化过程中产生新个体的重要手段，交换概率通常取 0.2～0.6。基于上述选择算子的构造，采用混合交叉法。在保留上一代中的最优个体之一不参加交叉的基础上,随机选择种群中一定比例的个体,在随机位上进行两两交叉。例如,对上一代中 P_1 和 P_2 个体在 α 位按随机 β 比例进行交叉,那么新个体 P_1' 和 P_2' 由下式生成,即

$$\begin{cases} P_{1\alpha}' = \beta P_{1\alpha} + (1-\beta)P_{2\alpha} \\ P_{2\alpha}' = (1-\beta)P_{1\alpha} + \beta P_{2\alpha} \end{cases} \quad (4-5)$$

(3)变异算子:变异是遗传算法产生新个体的另一种方法,但模仿自然界的实际情况,一般将发生变异的概率控制在 0.005~0.01 的范围内。本仿真采用连续遗传算法中的非均匀突变法。

假设第 k 代的个体为 $u^{(k)} = \{u_1, \cdots, u_i, \cdots, u_{32}\}$,若 u_i 被随机选中为突变点,则新个体为 $u^{(k+1)} = \{u_1, \cdots, u_i', \cdots, u_{32}\}$,其中 u_i' 按下式生成,即

$$u_i' = \begin{cases} u_i + \Delta(k), & 随机数为0 \\ u_i - \Delta(k), & 随机数为1 \end{cases} \quad (4-6)$$

式中, $\Delta(k) = 1 - r^{(1-k/L)^b}$, r 为随机数且满足 $0 < r < 1$, b 为调节系数, L 为进化代数。在进化初期 $\Delta(k)$ 较大, P_i' 值在较大范围内搜索;而在迭代后期当 $k \to L$ 时, $\Delta(k)$ 使得突变越来越小, P_i' 值在原值附近变动,从而实现了局部搜索和全局搜索的有机结合。同样,上一代的最优个体将被无条件保留,不参与变异。

4.2.3 模拟退火算法

模拟退火算法[3]来源于固体退火原理。将固体加温至充分高,加热使固体粒子的热运动不断增强,粒子与其平衡位置的偏离越来越大。当温度升至熔解温度后,固体的规则性被彻底破坏,固体熔化为液体,粒子排列从较为有序的结晶态转变为无序的液态。熔化过程的目的是消除系统中原先可能存在的非均匀状态,使随后进行的冷却过程以某一个平衡态为始点。冷却时,液体粒子的热运动逐渐减弱,随着温度的降低,粒子运动渐趋有序,当温度降至结晶温度后,粒子运动变为围绕晶体格点的微小振动,液体凝固成固体的晶态,这个过程称为退火。

SA 算法的主要运算有三个:状态生成函数 g、接收准则函数 h、退温进度表 $T(k)$。算法执行过程如下。

(1)初始化:设置初始温度 T、初始状态向量、初始目标函数值。

(2)候选状态向量生成:通过生成函数 g 得到当前向量 x 的一个邻向量 x'。

(3)比较目标函数值:由 x' 计算目标函数值及目标函数的变化量,根据函数 h 判断是否接受新向量 x'。

(4)在当前温度值迭代:重复步骤(2)和步骤(3),直到温度发生变化。

(5)降低温度 T:按照退火进度表降低温度并返回步骤(2),继续迭代直到算法有效收敛。

上述执行过程可以简单描述为"产生新解→计算目标函数差→接受或舍弃"的迭代过程,并逐步衰减 T 值,算法终止时的当前解即为所得近似最优解。常用的状态生成函数有高斯分布、柯西分布等。接收准则函数则为经典的 Metropolis 准则[4],若目标函数向极大方向优化,则准则可描述为

$$p = \begin{cases} 1, & \Delta J > 0 \\ \exp(\Delta J / T^{(k)}), & \text{其他} \end{cases} \quad (4\text{-}7)$$

退温进度表分别有指数退温、对数退温等多种形式。从 Metropolis 准则可以看出,SA 算法不但接收优化解,而且以一定的概率接收恶化解,这正是 SA 算法与局部搜索算法的本质区别。算法初始迭代时,初温较高,可能接收较差的恶化解;随着温度的降低,只能接收较好的恶化解;最后当温度趋于零值时,就不再接收恶化解了。这就使得 SA 算法可以从局部最优的"陷阱"中跳出来,更可能求得目标函数的最优解。可以看出该算法是一种启发式随机搜索过程,具有渐近收敛性,已在理论上被证明以概率 1 收敛于全局最优解。自适应光学系统中的算法执行流程图如图 4-3 所示。

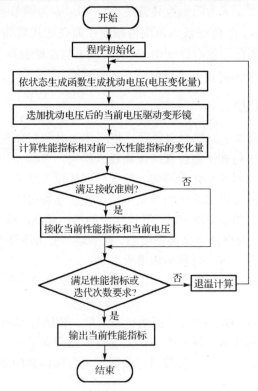

图 4-3 模拟退火算法执行流程图

本章仿真中的状态生成函数采用高斯分布,接收准则为 Metropolis 准则,退温进度表简单地采用指数退温,即

$$T^{(k)} = \lambda T^{(k-1)} \tag{4-8}$$

式中，λ 为退温系数。研究表明，指数退温通常能在优化度和优化效率两方面起到较好的折中效果。

4.2.4 模式提取算法

模式提取算法是一种随机相关学习算法，利用控制参数的变化与目标函数变化之间的相关性来更新控制参数。它将启发性与随机性相结合，使其本身既具有随机性，能够跳出局部最优值而做到全局搜索；又具有启发性，能够从前次自变量的变化对目标函数产生的影响中受到启发，使算法尽量向最优解方向搜索，并在过程控制参数"温度"的作用下，逐渐由随机优化变成确定方向，搜索，最终收敛到全局最优解。算法的主要特点包括：实现简单，独立于梯度和系统的具体结构，易于并行实现等。最初被用于视觉研究[5]，后来被用到包括神经网络训练[6]、控制[7]、决策树学习、视觉听觉系统的优化、疾病的医疗诊断等领域。

Alopex 基本思想如下，第 k 次迭代时有

$$\boldsymbol{u}^{(k+1)} = \boldsymbol{u}^{(k)} + \eta \Delta \boldsymbol{u}^{(k)} \tag{4-9}$$

$$\Delta \boldsymbol{u}^{(k)} = \begin{cases} 1, & \text{概率为} \boldsymbol{p}^{(k)} \\ -1, & \text{概率为} 1 - \boldsymbol{p}^{(k)} \end{cases} \tag{4-10}$$

$$\boldsymbol{p}^{(k)} = 1 / [1 + \exp(\pm \Delta^{(k)} / T^{(k)})] \tag{4-11}$$

$$\Delta^{(k)} = [\boldsymbol{u}^{(k-1)} - \boldsymbol{u}^{(k-2)}][J^{(k-1)} - J^{(k-2)}] \tag{4-12}$$

式中，J 为目标函数；式（4-10）中的正负号与实际问题有关，正号使目标函数极小化，负号使目标函数极大化，应用中假定目标函数向极大方向优化；$\boldsymbol{u}$、$\Delta \boldsymbol{u}$、$\boldsymbol{p}$、Δ 均为向量，向量的维数等于控制参数的个数。温度 T 按照下列"退火进度"每 M 次迭代更新一次

$$T^{(k)} = \begin{cases} T^{(k-1)}, & k \text{ 是 } M \text{ 的倍数} \\ \dfrac{\eta}{M} \sum_{k'=k-M}^{k} |\Delta J^{(k')}|, & \text{其他} \end{cases} \tag{4-13}$$

由式（4-8）~式（4-11）可以看出，如果目标函数的变化是正值，则每一个控制参数在相同方向移动的概率大于 0.5，反之，每个参数向相反方向移动的概率大于 0.5。换句话说，算法总是向着有利于目标函数优化的控制参数方向发生变化。随后有不同的学者对上述基本算法进行了改进[8-10]。

本章采用文献[10]中的 2t-Alopex (two timescale Alopex)，第 k 次迭代时

$$\boldsymbol{u}^{(k+1)} = \boldsymbol{u}^{(k)} + \eta \Delta \boldsymbol{u}^{(k)} \tag{4-14}$$

$$\Delta \boldsymbol{u}^{(k)} = \begin{cases} 1, & \text{概率为} \boldsymbol{p}^{(k)} \\ -1, & \text{概率为} 1 - \boldsymbol{p}^{(k)} \end{cases} \tag{4-15}$$

$$p^{(k)} = p^{(k-1)} + \theta(\beta^{(k)} - p^{(k-1)}) \qquad (4\text{-}16)$$

$$\beta^{(k)} = 1/(1 + \exp(\Delta u^{(k)} \Delta J^{(k)} / \eta T^{(k)})) \qquad (4\text{-}17)$$

比较式（4-16）和式（4-11）的分母可以看出，二者的唯一差别是 η 的位置不同，因为 $\Delta^{(k)} = \Delta u^{(k)} \Delta J^{(k)} = \eta u^{(k)} \Delta J^{(k)}$。这个修改版本利用参数变化和目标函数变化之间的相关性产生了一个更好的参数搜索方向，尽管没有估计任何一点的梯度信息。图 4-4 为 Alopex 在自适应光学系统中应用的算法流程图。

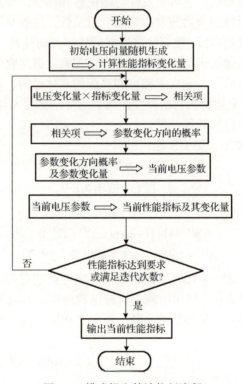

图 4-4　模式提取算法执行流程

4.3　仿真结果

4.3.1　各算法参数的选取

针对具体的应用，每种算法都有合适的参数取值范围。对于本章所使用的畸变类型，在大量仿真结果的基础上优选出每一种算法的最佳参数[11,12]。

GA 收敛速度受到种群个数 N 和进化代数 L 的影响，N 越大，达到同样的校正效果，所需 L 越小，但每一代进化计算量大，耗时长，反之，N 小时，则需要更多的进化代数，因此需要在二者之间进行权衡，既要满足收敛速度的要求又要满足校正效果的要求。图 4-5 仿真实验中种群数 $N=200$，进化代数 $L=100$。

SPGD 算法的收敛速度和校正效果主要取决于随机扰动幅度 Δu 和增益系数 γ 的大小。对于固定的 Δu，存在最佳 γ 取值范围，γ 太小，收敛速度较慢；γ 太大，易陷入局部极值且目标函数曲线出现抖动现象，扰动幅度 Δu 和增益系数 γ 的关系及其对校正效果和收敛速度的影响具体参见第 3 章。仿真过程中发现 U-SPGD 算法所能适应的扰动电压范围小于 0.15，而 B-SPGD 算法在随机扰动幅度为 0.01~1.5 皆能找到最佳增益值，且对算法收敛速度和校正效果几乎没有影响。图 4-5 仿真实验中将随机扰动幅度 Δu 固定在 0.1，U-SPGD 算法中 $\gamma=135$，B-SPGD 算法中 $\gamma=83$。

SA 算法中对校正速度和校正效果影响最大的是调整系数 δ 的大小，δ 太小，算法收敛缓慢，δ 太大时，易陷入局部极值，图 4-5 仿真实验中 $\delta=0.15$。

Alopex 中的调整系数 γ 和忘记系数 λ 是影响算法性能的主要因素，图 4-5 仿真实验中取 $\gamma=0.1$，$\lambda=0.55$。

另外，由于 GA、SA 算法、SPGD 算法及 Alopex 都是随机优化算法，程序每次运行时都带有一定的随机性，为得到更符合统计意义的评价结果，将程序运行 1000 次然后取平均，如图 4-5 所示。

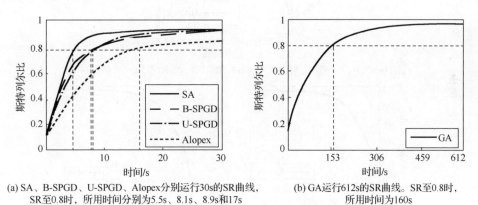

(a) SA、B-SPGD、U-SPGD、Alopex 分别运行 30s 的 SR 曲线，SR 至 0.8 时，所用时间分别为 5.5s、8.1s、8.9s 和 17s

(b) GA 运行 612s 的 SR 曲线。SR 至 0.8 时，所用时间为 160s

图 4-5　不同算法的收敛曲线速度对比

4.3.2　收敛速度

收敛速度快慢是判断算法能否在实时自适应光学系统上得到实际应用的重要标准。一般来说，如果校正后衍射极限焦斑的 SR 等于 0.8 或大于 0.8，便被认为波前畸变校正良好。本节以 SR 达到 0.8 时程序运行所需时间为标准衡量算法的收敛速度。图 4-5(a) 为 SA 算法、B-SPGD 算法、U-SPGD 及 Alopex 各自运行 30s 的 SR 变化曲线，SR 至 0.8 程序分别需要运行 5.5s、8.1s、8.9s、17s，各自完成 185 次、96 次、137 次、550 次算法迭代；图 4-5(b) 为 GA 进化 100 代后的 SR 变化曲线，程序共运行 612s；完成

26代进化后SR至0.8,程序运行160s;完成100代进化后SR至0.969。从图4-5看出,SR至0.8花费时间最多的是GA,最少的则是SA算法。

需要说明的是,SR至0.8时各算法所需时间是在PC上基于同样的软硬件环境所得到的。如果这些算法在实际自适应光学系统上用实时DSP技术实现,则所需时间会大幅减少。本仿真结果在一定程度上反映了各算法间的差异,可供选择算法时参考。

4.3.3 校正效果

首先以算法完全收敛时的SR值为标准。图4-6(a)给出了SA算法、B-SPGD算法、U-SPGD算法分别运行1000次算法迭代的SR曲线;图4-6(b)为Alopex迭代2000次的SR曲线;图4-6(c)为GA进化100代后的SR曲线。从图4-6可以看出,SA算法收敛至0.953,B-SPGD算法收敛至0.97,U-SPGD算法收敛至0.95,Alopex收敛至0.956,GA收敛至0.969。这种情况下B-SPGD算法和GA的校正效果最好,稍好于U-SPGD算法、SA算法和Alopex。

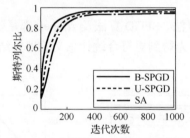

(a) B-SPGD、U-SPGD、SA完全收敛后的SR曲线,分别收敛至0.97、0.95、0.953

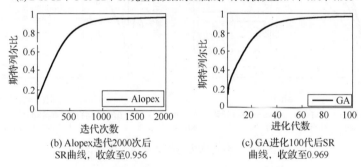

(b) Alopex迭代2000次后SR曲线,收敛至0.956

(c) GA进化100代后SR曲线,收敛至0.969

图4-6 不同算法完全收敛后的SR曲线对比

再以算法运行相同的时间为标准,考察各种算法所获得的校正效果。时间标准取SA算法达到0.8时所需5.5s为基准。校正效果对比如表4-1所示。

表4-1 各种算法运行5.5s校正效果对比

算法	B-SPGD	U-SPGD	SA	Alopex	GA
所完成迭代次数	61	86	185	178	<1
校正效果	0.71	0.66	0.8	0.38	0.1

从表 4-1 中数据可以看出,当 SA 算法校正效果达到 0.8 时,B-SPGD 算法、U-SPGD 算法、Alopex 和 GA 分别达到 0.71、0.66、0.38 和 0.1。从这方面来看,SA 算法的校正效果最好,GA 校正效果最差。注意到 GA 运行 5.5s 时,还没有完成一代算法的进化。这种情况下的比较结果和几种算法的收敛速度情况一致。

由于各算法完全收敛后校正效果极为相近,下面只给出了 GA 完全收敛后的残余波前和相应的远场光斑,如图 4-7 所示。和图 4-1 中校正前的波面和远场光斑相比,可以发现校正后残余波前非常平坦,光斑能量明显集中,SR 接近于 1。

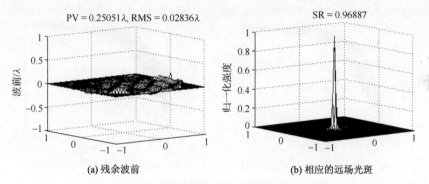

图 4-7 GA 完全收敛后的残余波前和相应的远场光斑

4.3.4 局部极值

为考察算法陷入局部极值的可能性,对每种算法从不同的起点随机运行 1000 次,并让算法充分迭代。图 4-8 分别给出了 SA 算法、U-SPGD 算法、B-SPGD 算法、Alopex 和 GA 各自随机运行 1000 次的 SR 变化曲线。

由图 4-8 可以看出,梯度下降类的 B-SPGD 算法和 U-SPGD 算法比 SA 算法、Alopex 和 GA 更易陷入局部极值。其中 B-SPGD 算法的 1000 次运行中有 34 次陷入不同的局部极值,U-SPGD 算法的 1000 次运行中有 30 次陷入不同的局部极值,这说明梯度下降类算法陷入局部极值的概率约为 3%。

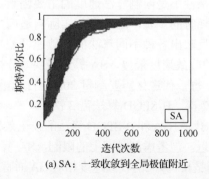

(a) SA:一致收敛到全局极值附近

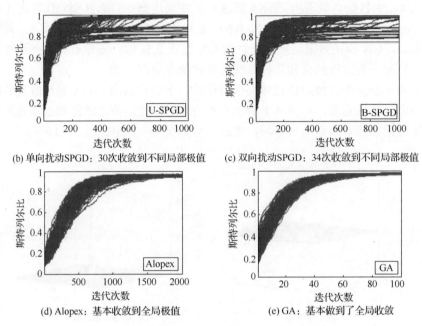

(b) 单向扰动SPGD：30次收敛到不同局部极值　　(c) 双向扰动SPGD：34次收敛到不同局部极值

(d) Alopex：基本收敛到全局极值　　(e) GA：基本做到了全局收敛

图 4-8　不同算法 1000 次随机运行的 SR 曲线

4.4　讨论与分析

自适应光学技术需要对大气湍流等动态像差进行实时测量和校正，随机并行优化控制算法的收敛速度对自适应光学系统动态校正性能影响很大。在实际自适应光学系统中，电荷耦合元件（charge-coupled device，CCD）等目标函数器件的读出速度和信号处理机的速度是限制随机并行优化控制算法收敛速度的主要因素。其中探测器件的速度受限于信号强度，而信号处理机可以通过采用更高速度的大规模 DSP 器件提高信号处理速度，因而算法复杂性不是限制算法速度的主要因素。在仿真过程中，目标函数测量模块的计算量是最耗时的步骤，这一点与实际自适应光学系统的情形一样。因此，本章的仿真结果可以反映出各种不同算法的收敛速度差异，为实际系统中的算法选择提供重要参考。GA 的收敛速度最慢，SA 算法最快。分析各算法的执行过程可以发现，GA 种群取 200 时，每一代进化需要测量 200 个目标函数，SA 算法一次迭代仅需 1 次，U-SPGD 算法需 2 次，B-SPGD 算法需 3 次。

校正效果方面，充分迭代后，GA 和 B-SPGD 算法的校正效果最优，SA 算法、U-SPGD 算法、Alopex 校正效果相近。但考虑到时间上的限制，SA 算法校正效果最好，GA 的校正效果最差，其主要原因是 SA 算法的收敛速度相对 GA 而言，快了几乎 29 倍。B-SPGD

算法在校正效果、收敛速度以及对随机扰动的适应能力方面优于 U-SPGD 算法,可能是由于前者采用了中心差分来估计梯度信息,而后者采用的是前向差分。

在局部极值方面,易陷入局部极值是 SPGD 算法的固有特性,而 SA 算法是一种启发式算法,已经在理论上被证明是一种以概率 1 收敛于全局最优解的优化算法,以上仿真结果验证了这两类算法在这方面的特点,GA 和 Alopex 也都能够较好地收敛在全局极值附近。

总的来说,每一种算法各有其优缺点。对静态或变化缓慢的波前畸变而言,每种算法都有较好的校正能力,且 GA、SA 算法和 Alopex 能够做到全局收敛。如果不考虑局部极值问题,两种 SPGD 算法也不失为较好的选择,因为它们实现起来比 GA、SA 算法和 Alopex 要容易得多,运算量和需要调整的参数都较少。如果系统允许的校正时间有限,则必须考虑它们的收敛速度问题。本章关于相对收敛速度的数值仿真结果可以为实际应用提供参考。对动态畸变校正而言,上述几种算法的收敛速度相对于大气湍流而言仍然很慢。如果采用高速光电探测器件、高速数据处理和响应速度高的波前校正器与上述算法相配合,则可能用于大气湍流的实时补偿。

4.5 本章小结

本章以自适应光学系统为应用背景,介绍了单边扰动随机并行梯度下降算法、双边扰动随机并行梯度下降算法、遗传算法、模拟退火算法及模式提取算法的基本原理。以 32 单元变形镜为校正器,建立了基于上述几种优化算法的自适应光学系统仿真模型。从算法收敛速度、校正效果、局部极值问题出发,对几种优化算法进行了比较和分析。

仿真结果表明,如果不考虑时间因素,那么各种算法对静态和变化较缓慢的波前畸变都有较好的校正能力。但每种算法又各有其优缺点,如遗传算法虽能做到全局收敛且校正效果好,但收敛速度太慢;随机并行梯度下降算法收敛速度相对快且校正效果好,但易陷入局部极值;值得说明的是,尽管模拟退火算法在几种算法中收敛速度最快,能够做到全局收敛且校正效果很好,但考虑到自适应光学技术主要用于实时动态湍流的补偿,模拟退火算法本身的实现过程不太适用于动态控制本身,除非将算法加以改进。

综合比较而言,将随机并行梯度下降算法作为研究重点,几种算法用于实时自适应光学校正问题,有待于进一步研究。

参 考 文 献

[1] Spall J C. Multivariate stochastic approximation using a simultaneous perturbation gradient approximation[J]. IEEE Trans. on Automatic control, 1992, 37: 332-341.

[2] 李民强, 寇纪淞, 林丹, 等. 遗传算法的基本理论与应用[M]. 北京: 科学出版社, 2002.

[3] Kirkpatrick S, Gelatt C D, Vecchi M P. Optimization by simulated annealing[J]. Science, 1983, 220: 671-680.

[4] Metropolis N, Rosenbluth A W, Rosenbluth M N, et al. Equation of state calculations by fast computing machines[J]. J. Chem. Phys, 1953, 21:1087-1092.

[5] Harth E, Tzanakou E. Alopex: A stochastic method for determining visual receptive fields[J]. Vis. Res., 1974, 14:1475-1482.

[6] Unnikrishnan K P, Venugopal K P. Alopex: A correlation-based learning algorithm for feedforward and recurrent neural networks[J]. Neural Comput., 1994, 6: 469-490.

[7] Venugopal K P, Pandya A S, Sundhakar R. A recurrent network controller and learning algorithm for the on-line learning control of autonomous underwater vehicles[J]. Neural Networks, 1994, 7(5): 833-846.

[8] Bia A. Alopex-B: A new, simple, but yet faster version of the Alopex training algorithm[J]. Int. J. Neural Syst., 2001, 11(6): 497-507.

[9] Haykin S, Chen Z, Becker S. Stochastic correlative learning algorithms[J]. IEEE Trans. On Signal Processing, 2004, 52(8): 2200-2209.

[10] Sastry P S, Magesh M, Unnikrishnan K P. Two timescale analysis of the alopex algorithm for optimization[J]. Neural Comput. ,2002, 14: 2729-2750.

[11] 杨慧珍, 李新阳, 姜文汉. 自适应光学系统几种随机并行优化控制算法比较[J]. 强激光与粒子束, 2008, 20(1): 11-16.

[12] Yang H Z, Li X Y. Comparison of several stochastic parallel optimization algorithms for adaptive optics system without a wavefront sensor[J]. Optics & Laser Technology, 2011, 43(3): 630-635.

第 5 章 32 单元变形镜 SPGD 控制算法实验研究

通过第 3 章对 SPGD 控制算法静态畸变的仿真分析以及第 4 章各种随机并行优化算法的比较可知，SPGD 控制算法在校正效果、收敛速度、实现的难易程度等方面均有较好的表现。本章基于 32 单元变形镜和 SPGD 算法构建实验平台，考察算法对静态波前畸变的校正能力及校正速度，并根据实验结果分析该系统的时间因素，为把随机并行优化控制算法应用到实际系统中进行初步探索[1]。

5.1 实验装置

图 5-1 为实验所采用的光路及系统控制图，主要由激光器、扩束系统、CCD 探测器、PC、高压放大器及变形镜（deformable mirror，DM）组成，其中 PC 内有图像采集卡和 D/A 输出卡，利用 PC 软件完成 SPGD 控制算法。光源从激光器发出，经反射镜 M_1 和 M_2、透镜 L_1、棱镜、反射镜 M_3 和 M_4、透镜 L_2 扩束成直径为 120mm 的平行光，经过像差传输后，再从变形镜返回，经 L_2、M_4、M_3、棱镜、放大镜 L_3 至 CCD 成像。

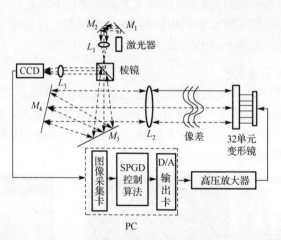

图 5-1 SPGD 控制算法实验装置的光路及系统控制回路

图像采集卡从 CCD 探测器采集畸变波前对应的光强信号，系统根据 SPGD 控制算法计算出控制变形镜面形变的电压信号。控制电压通过一个 32 通道的 PCI 总线 D/A 输出卡并行输出，电压范围为±5V，再经过高压放大器放大到±500V 驱动 32 单元变形镜各驱动器。再次由 CCD 探测经变形镜面形校正后的残余畸变波前，进入下一个控制循环。系统以上述迭代方式对变形镜进行控制，校正像差，使成像 CCD 上最终得到接近衍射极限的成像效果。

1）半导体激光器及扩束系统

实验采用的激光器为 LD 泵浦微型绿光激光器（DPSSL），波长 $\lambda = 532$nm，输出功率为 5~20mW。扩束系统由平面反射镜 M_1、M_2、M_3 和 M_4，以及透镜 L_1、L_2 和分光棱镜组成。如图 5-1 所示，激光器发出的光束经过平面反射镜、分光棱镜以及透镜后，扩束成直径为 120mm 的平行光，经剪切板干涉检测平行度良好。

2）CCD 探测器

实验采用的 CCD 为敏通 MTV-1881，靶面大小为 768×576 像素，尺寸为 6.6mm×4.73mm，像素深度为 8bit，帧频为每秒 25 帧。实验中，以 CCD 图像质心为中心，截取 256×256 像素进行闭环，这样可以减小运算量。

3）工控机、图像采集卡和 D/A 输出卡

工控机是整个闭环控制系统的核心，SPGD 算法以及比例积分控制算法在工控机中利用 C++编程实现。本实验采用的工控机为研华科技 610L 工业控制计算机。工控机的 PCI 扩展插槽中插着图像采集卡和 D/A 输出卡。

图像采集卡为北京嘉恒中自图像技术有限公司的 OK-M10A，该卡是基于 PCI 总线的标准视频黑白图像采集卡，采样速率为 25 帧/s，8 位高精度，高信噪比，高带宽输入，并拥有数字抗混迭滤波技术，图像水平分辨率达 600 线。

D/A 输出卡采用 ADLINK 公司生产的 16 通道模拟电压输出卡 PCI-6216V，分辨率为 16bit，输出电压范围为±10V，最大增益误差为±0.2%。

4）变形镜及高压放大器

实验采用中国科学院光电技术研究所自行研制的 32 单元变形镜作为波前校正器，驱动器间距为 23mm，有效通光口径为 120mm，变形量为±3μm。驱动器排布如图 3-6 所示，实物如图 5-2 所示。高压放大器的放大倍数是 80，由中国科学院光电技术研究所自制，如图 5-3 所示。

图 5-2　32 单元变形镜　　　　　　　图 5-3　32 单元高压放大器

编程环境为 VC++ 6.0，图像采集卡的图像信息处理、控制算法的实现以及整个校正过程的监控都在一台 Pentium 4 PC 上实现。另经测量定标，成像系统在 532nm 波段等效焦距为 8.86m，理论极限半高全宽（full width at half maximum，FWHM）为 4.57 个 CCD 像素点。

5.2 目标函数的选取

SPGD 算法的校正效果一定程度上依赖于系统目标函数的选取。根据具体的应用不同，系统目标函数的选取要求也不同，一个总的原则就是波前畸变消除后，目标函数达到极值。

本章实验中曾以 CCD 像面上峰值光强趋于极大，或以质心为中心一个与衍射极限光斑相当的小区域内光强之和趋于极大为优化目标进行实验，结果并不理想。原因可能是这两种指标对光强的变化较敏感，导致目标函数变化曲线抖动幅度较大。实验结果证实选取 S_1（式(2-1)）作为系统目标函数是有效且可行的。具体实现时，以 CCD 像面质心为中心截取 256×256 像面大小，则 S_1 形式如下，以符号 J 表示为

$$J = S_1 = \sum_{x=1}^{256}\sum_{y=1}^{256} I^2(x,y) \tag{5-1}$$

实验用半导体激光器光源比较稳定，如果光源不稳定，则需对 CCD 像面数据进行归一化处理。另外为消除背景噪声的影响，将所截取像面的四个角区域像素强度的平均值作为背景噪声，利用实际所测像面数据减去背景噪声后的像面数据进行目标函数的计算，其中四个角区域的大小为 10×10 像素。

5.3 随机并行梯度下降算法

SPGD 算法利用目标函数测量值的变化量 ΔJ 与控制参数的变化量 Δu 进行控制参数的梯度估计，以迭代方式在梯度下降方向上进行控制参数的搜索。第 k 次迭代时，电压向量 $\boldsymbol{u}^{(k)} = \{u_1, u_2, \cdots, u_{32}\}$ 的计算公式为

$$\boldsymbol{u}^{(k)} = \boldsymbol{u}^{(k-1)} + \gamma \Delta \boldsymbol{u}^{(k)} \Delta J^{(k)} \tag{5-2}$$

式中，$\Delta \boldsymbol{u}^{(k)} = \{\Delta u_1, \Delta u_2, \cdots, \Delta u_{32}\}^{(k)}$ 为第 k 次迭代时施加的扰动电压向量，单位为 V，各 Δu_i 相互独立且同为伯努利分布，即各分量幅值相等 $|\Delta u_j| = \delta$，$\Pr(\Delta u_j = \pm\delta) = 0.5$；$\gamma$ 为增益系数，本实验中目标函数向极大方向优化，γ 取正值。SPGD 算法实现流程如图 5-4 所示。一次迭代需要施加 3 次控制电压，并采集、处理 3 幅图像。

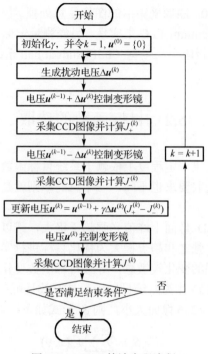

图 5-4　SPGD 算法实现流程

5.4　实验结果

5.4.1　实验参数选取

影响 SPGD 算法校正效果和收敛速度的主要参数为扰动幅度 δ 和增益系数 γ 的取值。自适应增益在一定程度上可以提高算法的收敛速度，但其实现过程需要多个参数的调整，在实际应用中不易实现，以下实验在算法迭代过程中保持扰动幅度和增益系数不变化。像差变化不大时，只需把 δ 和 γ 其中一个固定在合适的范围内，调整另外一个。

先要对 δ 进行适当的选取，若取值太小目标函数值的变化可能掩盖不了噪声带来的影响，导致收敛速度太慢；而取值太大，目标函数变化曲线抖动起伏较大。图 5-5 给出了 $\gamma = 1.2$ 时两个典型 δ 值的目标函数变化曲线。从图中可以看出，$\delta = 0.03\text{V}$ 时，控制算法需要进行 800 次迭代才能克服系统噪声逐步向优化方向前进；而 $\delta = 0.25\text{V}$ 时，前 200 次迭代迅速收敛，但之后目标函数曲线开始大幅抖动。

多次实验发现，在本章实验条件下，δ 取 0.05~0.2V 比较合适，在这个范围内，通过调整 γ 可以得到较好的收敛速度和校正效果。以下实验结果把 δ 固定在 0.1V，考察不同的 γ 对校正效果和收敛速度的影响。

第 5 章　32 单元变形镜 SPGD 控制算法实验研究

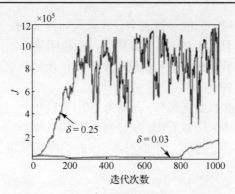

图 5-5　$\gamma = 1.2$ 时，不同 δ 对应的 J 变化曲线

5.4.2　校正效果和收敛速度

图 5-6 为不同 γ 时，目标函数 J 的变化曲线。图 5-7 为相应的峰值变化曲线。

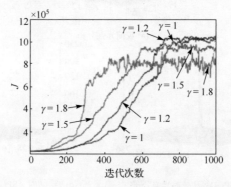

图 5-6　$\delta = 0.1$ 时，不同 γ 时的目标函数 J 变化情况

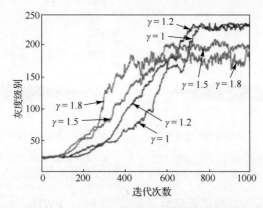

图 5-7　$\delta = 0.1$ 时，不同 γ 时的峰值变化情况

从图 5-6 和图 5-7 可以看出，γ 大小影响到了 SPGD 算法收敛速度和校正效果。γ 较

小时，收敛速度相对缓慢，但能够做到全局收敛，如 $\gamma=1$ 时；γ 较大时，收敛速度快，但不易做到全局收敛，且 γ 越大目标函数曲线抖动越明显，如 $\gamma=1.8$ 时。显然，太大或者太小的增益都是不合适的，γ 对收敛速度和校正效果的这种影响趋势与文献[2]中的仿真结果是完全一致的。

图 5-8 给出了校正前原始光斑与 γ 分别为 1.0、1.2、1.5、1.8 时算法各自迭代 1000 次后的远场光斑。从图 5-8 可以看出，γ 分别等于 1.0、1.2、1.5、1.8 时，SPGD 算法对畸变波前都有明显的校正效果。下面对不同 γ 时的校正效果进行定量分析。

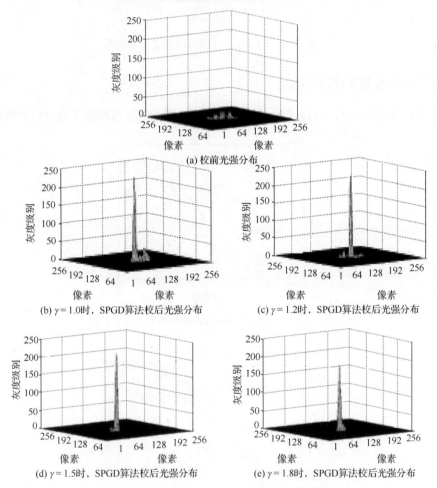

图 5-8　$\delta=0.1\text{V}$ 时，γ 分别为 1.0、1.2、1.5、1.8 时算法各自迭代 1000 次后 CCD 像面光强分布与校正前 CCD 像面光强分布对比

表 5-1 给出了不同 γ 时校正后目标函数值、峰值、FWHM 和上升时间对比，其中上升时间以目标函数 J 达到 8×10^5 所需的迭代次数为标准来衡量。

表 5-1　δ = 0.1V、γ 分别等于 1.0、1.2、1.5、1.8 时，SPGD 控制算法实验结果对比

增益系数 γ	性能指标 $J (\times 10^5)$	峰值（灰度级）	全宽半高（CCD 像素）	上升时间（迭代次数）
1.0	10.16	231	5.53	713
1.2	10.60	234	5.74	660
1.5	9.53	203	6.46	551
1.8	7.90	174	6.58	419

从表 5-1 的数据可以看出，γ 等于 1.0 和 1.2 时，目标函数、峰值和 FWHM 值差别不大，校正效果接近，但参考图 5-8 可以发现 γ = 1 时校后光斑分布不如 γ = 1.2 时集中。随着 γ 值的增大，目标函数和峰值逐步减小，FWHM 值增大，校正效果逐步变差。从表中的上升时间来看，随着 γ 的增大，算法达到同样的校正效果所需迭代次数逐步减少，即收敛速度越来越快。

通过对校正效果和收敛速度的分析可知二者不可兼得，具体应用时必须在校正效果和收敛速度之间进行权衡。综合比较目标函数、峰值、FWHM 值和图 5-8 校正后光强分布可知，γ = 1.2 时校正效果相对最好。本章实验系统理论极限 FWHM 为 4.57 像素，此时可以得到 5.74/4.57 = 1.256 倍衍射极限的校正效果。

5.5　讨论与分析

从 5.4 节实验结果可知，在参数选取合适的情况下，SPGD 算法对静态畸变波前具有较好的校正能力，基本验证了该算法的有效性。对于一些以静态像差或缓变的动态像差为主的应用，如 ICF 等，SPGD 算法将是一种比较有效的控制方法。但如果考虑把 SPGD 算法应用到实时 AO 上校正动态畸变，则必须考虑它的可行性。从 SPGD 算法的实现流程可以知道，该算法以迭代方式运行，需要进行多次迭代才能达到收敛，获得较好的校正效果。因此，迭代速度成为 SPGD 控制算法能否应用到实时 AO 系统上的关键因素。

为便于分析，把扰动电压施加到变形镜、图像采集、数据处理这样一个流程称为一个扰动过程。根据国外资料报道[3-6]，为了校正大气湍流动态像差，SPGD 算法所需扰动频率大约为 20～40 倍的 Nf_G，这样的扰动频率才能跟得上变化着的波前扰动，其中 N 为校正器单元数，f_G 为大气湍流动态像差的 Greenwood 频率。如果 f_G = 10Hz，采用实验中的 32 单元变形镜，则需要的扰动频率应为 6400Hz。本实验完成一次电压扰动实际用时约 50ms，即扰动频率为 20Hz。所用图像采集卡的采样频率为 25Hz，一次图像采集约需 40ms，这样对 CCD 采样时间便占去一次扰动时间的 80%，可见采样频率太低是该系统时间上的最大限制因素。美国陆军研究实验室于 1999 年采用 VLSI 完成 SPGD 算法的快速计算，并在光通信等多种应用中开展了实验工作。因此，如果

采用采样频率较高的探测器完成目标函数的采集，再配以高速的数据处理，则 SPGD 算法可能适用于大气湍流扰动。

5.6 本章小结

本章基于随机并行梯度下降控制算法、32 单元变形镜、CCD 成像器件等建立了自适应光学系统实验平台，讨论了目标函数的选取，并详细介绍了随机并行梯度下降算法的基本原理和实现方法。实验结果表明，SPGD 算法对静态像差具有较好的校正能力，但需要进行多次迭代才能收敛，获得较好的校正效果，适用于对实时性要求不高的 AO 系统。采用频率较高的探测器以及提高数据处理速度是把 SPGD 控制算法应用到实时 AO 系统中的可能解决途径。

参 考 文 献

[1] 杨慧珍, 陈波, 李新阳, 等. 自适应光学系统随机并行梯度下降控制算法实验研究[J]. 光学学报, 2008, 28(2): 205-210.

[2] 杨慧珍, 李新阳, 姜文汉. 自适应光学系统随机并行梯度下降控制算法仿真与分析[J]. 光学学报, 2007, 27(8): 1355-1360.

[3] Masino A J, Link D J. Adaptive optics without a wavefront sensor[C]. Proc. SPIE, 2005: 58950T-1-58950T-9.

[4] 周仁忠, 阎吉祥. 自适应光学理论[M]. 北京: 北京理工大学出版社, 1996.

[5] Muller R A, Buffington A. Real-time correction of atmospherically degraded telescope images through image sharpening[J]. J. Opt. Soc. Am., 1974, 64: 1200-1210.

[6] 陈波, 杨慧珍, 张金宝, 等. 点目标成像自适应光学随机并行梯度下降算法目标函数与收敛速度[J]. 光学学报, 2009, 29(5): 1143-1148.

第 6 章　基于 SPGD 算法的自适应光学带宽分析

基于 SPGD 算法的自适应光学能够有效校正静态波前相位误差，但是其收敛速度较慢，导致系统的带宽较低。根据国外的文献报道，随着校正器单元数 N 的增加，SPGD 算法收敛所需要的时间至少以 $\sqrt{N}$ 增加[1]。另外，随着光学加工等技术的发展，必然会出现上千单元的高分辨率波前校正器。因此，较准确地分析基于 SPGD 算法的自适应光学系统带宽至关重要，这决定了在实际中能否应用该系统，以及具体如何设计等问题。

本章在一定的假设下，分析了算法收敛速度和波前校正器单元数 N 之间的关系，并进行了实验分析。在此基础上，通过动态波前校正实验对基于 SPGD 算法的自适应光学校正带宽进行了分析，最终给出一个较简单的估计方法。

6.1　SPGD 算法收敛速度与校正器单元数的关系

基于双边扰动 SPGD 算法的自适应光学，第 $k+1$ 次迭代时，N 单元波前校正器的控制信号的迭代过程如下。

首先产生一个服从伯努利分布的扰动信号 $\delta \boldsymbol{u} = [\delta u_1, \delta u_2, \cdots, \delta u_N]$，即 δu_j 相互独立，$|\delta u_j| = \sigma$，概率分布服从 $\Pr(\delta u_j = \pm\sigma) = 0.5$；然后给校正器加载控制信号 $\boldsymbol{u}^+ = \boldsymbol{u}^{(k)} + \delta \boldsymbol{u}$，其中，$\boldsymbol{u}^{(k)}$ 表示第 k 次迭代后的控制信号，计算目标函数值，记为 $J(\boldsymbol{u}^+)$；接着给校正器加载控制信号 $\boldsymbol{u}^- = \boldsymbol{u}^{(k)} - \delta \boldsymbol{u}$，计算目标函数值，记为 $J(\boldsymbol{u}^-)$；最后按照

$$\boldsymbol{u}^{(k+1)} = \boldsymbol{u}^{(k)} + \gamma \delta J \delta \boldsymbol{u} \tag{6-1}$$

更新控制信号，其中，$\boldsymbol{u}^{(k+1)}$ 为第 $k+1$ 次迭代后的控制信号；$\delta J = J(\boldsymbol{u}^+) - J(\boldsymbol{u}^-)$；$\gamma$ 为调整迭代步长的系数，当目标函数向极大值方向优化时取正数，反之为负数。

由式（6-1）可知，迭代过程中 δJ 的幅值 $|\delta J|$ 越大，控制信号更新幅度就越大。因此可以通过分析 $|\delta J|$ 的大小来分析算法的收敛速度。

为了便于分析，对波前校正器作一定的假设：①对于 N 单元校正器，由于每个控制通道上的扰动信号幅度较小，而且均为 $|\delta u_j| = \sigma$，所以校正器各个单元对目标函数的贡献或影响因子相等，假设均为 $1/N$；②各单元之间没有耦合或者耦合较小，那么目标函数变化量 δJ 就可以近似表述为各单元的影响因子的线性组合。

每次迭代中，总存在一个最佳扰动向量 $\Delta \boldsymbol{u} = [\Delta u_1, \cdots, \Delta u_j, \cdots, \Delta u_N]$ 使得 $|\delta J|$ 最大。

实际中，如果随机产生的扰动分量 δu_j 与最优分量 Δu_j 相同，则该校正单元对目标函数的影响为 $1/N$，反之为 $-1/N$。因此 $|\delta J|$ 可以表示为

$$|\delta J| = |J(\boldsymbol{u}^+) - J(\boldsymbol{u}^-)|$$
$$= \left| \left(J(\boldsymbol{u}^{(k)}) + \sum_{j=1}^{N} \left(\frac{\delta u_j}{\Delta u_j} \frac{1}{N} \right) \right) - \left(J(\boldsymbol{u}^{(k)}) + \sum_{j=1}^{N} \left(\frac{-\delta u_j}{\Delta u_j} \frac{1}{N} \right) \right) \right| \quad (6\text{-}2)$$
$$= \left| \sum_{j=1}^{N} \left(\frac{\delta u_j}{\Delta u_j} \frac{1}{N} \right) - \sum_{j=1}^{N} \left(\frac{-\delta u_j}{\Delta u_j} \frac{1}{N} \right) \right| = \frac{2}{N} \left| \sum_{j=1}^{N} \frac{\delta u_j}{\Delta u_j} \right|$$

当实际产生的随机扰动向量 $\delta \boldsymbol{u}$ 和最佳扰动向量 $\Delta \boldsymbol{u}$ 中符号不一致的个数为 M 时，根据式（6-2）计算得到的 $|\delta J_M|$ 为

$$|\delta J_M| = \frac{2}{N} \left| \sum_{j=1}^{N} \frac{\delta u_j}{\Delta u_j} \right| = \frac{2}{N} |N - 2M| \quad (6\text{-}3)$$

由式（6-2）可以看出，当实际扰动向量 $\delta \boldsymbol{u}$ 和最佳扰动向量 $\Delta \boldsymbol{u}$ 完全一致（$M = 0$）或正好相反（$M = N$）时，计算得到的 $|\delta J|$ 最大，目标函数收敛最快。

对于 N 单元波前校正器，由于各个单元的扰动相互独立，所以出现 $|\delta J_M|$ 的概率（$\delta \boldsymbol{u}$ 和 $\Delta \boldsymbol{u}$ 中符号不一致的个数为 M 的概率）为

$$p(|\delta J_M|) = \frac{1}{2^N} C_N^M \quad (6\text{-}4)$$

进一步，对于 N 单元波前校正器，根据式（6-4）和式（6-5）可以计算得到 $|\delta J|$ 的数学期望 $E_N(|\delta J|)$ 为

$$E_N(|\delta J|) = \sum_{M=0}^{N} p(|\delta J_M|) |\delta J_M| = \frac{2}{2^N N} \sum_{M=0}^{N} C_N^M |N - 2M| \quad (6\text{-}5)$$

由式（6-5）可以看出，随着校正器单元数 N 的增加，$E_N(|\delta J|)$ 明显减小。假设当 $N = 1$ 时目标函数经过 k_1 次闭环迭代后收敛，那么当校正器单元数为 N 时，根据式（6-6），目标函数收敛需要的迭代次数 k_N 与 k_1 的关系近似为

$$\frac{k_N}{k_1} \approx \frac{E_1(|\delta J|)}{E_N(|\delta J|)} \quad (6\text{-}6)$$

国外的相关研究表明[1]，随着校正器单元数目 N 的增加，SPGD 算法的收敛速度以 $\sqrt{N}$ 显著变慢，即

$$\frac{k_N}{k_1} \approx \sqrt{N} \quad (6\text{-}7)$$

式（6-6）和式（6-7）描述的关系分别如图 6-1 中的曲线 1 和曲线 2 所示。可以看出，随着校正器单元数目 N 的增加，曲线 1 和曲线 2 的趋势基本一致，但是曲线 1 表示的 k_N/k_1 更大。由此可以得出，SPGD 算法的收敛速度至少与驱动器数目 N 的平方根成反比。

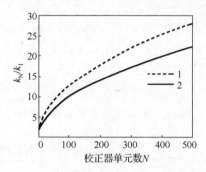

图 6-1　收敛所需迭代次数 k_N/k_1 与校正器单元数目 N 的关系

在上面的分析中，假设各个校正单元相互之间没有耦合，而且各单元随机扰动对目标函数的影响幅度相等，这与实际使用的波前校正器相比，有一定的误差。对于实际系统中经常用到的分立压电变形镜、液晶等波前校正器及相邻驱动器之间通常存在耦合，此外，有些驱动器位于有效通光口径的边缘，因此影响因子不完全相等。这些因素导致分析结果与国外的结果（曲线 2）有一定的差异。但是在光纤激光相干合成等领域[2,3]，各校正单元互不相关，这时式（6-6）所示的结果可能更加准确。

6.2　收敛速度与校正器单元数关系的实验分析

6.2.1　实验系统与实验方案

实验系统与第 5 章的实验系统相同，主要区别是以 61 单元变形镜替代 32 单元变形镜作为波前校正器。变形镜驱动器排布如图 6-2 所示，有效通光口径为 120mm，驱动器间距为 16.4mm，最大变形量为±3μm。其他各组成器件的参数如第 5 章 5.1 节所述，整个闭环实验系统的工作流程可以参考第 5 章 5.3 节的相关内容，这里不再赘述。

实验采用三种目标函数，通过遮拦分别利用变形镜中间 7、19、37 以及全部 61 个驱动器进行闭环校正，据此研究算法的收敛速度与单元数之间的关系。利用目标函数值从初始值上升或下降到最终收敛值的 80%所需要的迭代次数（记为上升时间 T_r）来衡量收敛速度。

三种目标函数如式（6-8）、式（6-9）和式（6-10）所示，即

$$J_1 = \sum\sum I^2(x,y) \tag{6-8}$$

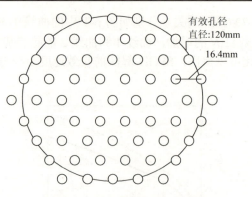

图 6-2 61 单元变形镜驱动器排布

$$J_2 = \frac{\sum\sum\sqrt{(x-x')^2+(y-y')^2}I(x,y)}{\sum\sum I(x,y)} \quad (6\text{-}9)$$

$$J_3 = \sum\sum I(x,y), \quad (x,y)\in R \quad (6\text{-}10)$$

式中，$I(x,y)$ 表示远场光强分布，即实验系统中 CCD 采集到的图像，实验中以质心为中心截取 256×256 像面大小进行计算；(x',y') 为光强分布的质心；R 表示理想衍射的爱里斑区域，实验中为了便于计算，R 采用以爱里斑直径为边长的方形区域。

J_1 是像清晰度函数，在第 2 章 2.1 节中作过介绍，向最大值方向优化；根据文献[4]和文献[5]，J_2 为平均半径，向最小值方向优化；J_3 即环围能量，向最大值方向优化。当取 J_1、J_3 作为目标函数时，式（6-1）中的 γ 取正数，取 J_2 作为目标函数时 γ 取负数。

6.2.2 实验结果与分析

有效驱动器个数分别为 7、19、37 和 61 时，分别利用 J_1、J_2 和 J_3 作为目标函数进行校正。得到的上升时间 T_r 如表 6-1 所示。可以看出，随着驱动器个数的增加，三种目标函数的收敛速度均显著变慢。

表 6-1 驱动器数目为 7、19、37、61 时三种目标函数的上升时间 T_r

目标函数	7 单元	19 单元	37 单元	61 单元
J_1	30	54	105	145
J_2	6	15	20	25
J_3	33	57	79	123

根据 6.2.1 节的分析，随着驱动器数目 N 的增加，SPGD 算法收敛过程需要的迭代次数至少以 $\sqrt{N}$ 的速率增长。因此对表 6-1 中的数据利用 $\sqrt{N}$ 的一阶多项式进行最小二乘拟合，得到的结果为：当 J_1 作为目标函数时，上升时间 $T_r \approx 19.9\sqrt{N} - 18.48$；当 J_2 作为目标

函数时,上升时间 $T_r \approx 3.6\sqrt{N} - 2.3$;当 J_3 作为目标函数时,上升时间 $T_r \approx 16.9\sqrt{N} - 15.6$。图 6-3 是根据上述拟合结果作出的三种目标函数的上升时间 T_r 与驱动器个数 N 之间的关系曲线,从中可以看出,拟合曲线和实验数据有一定的误差,但是随着驱动器个数的增加,三种目标函数的收敛速度都显著变慢。

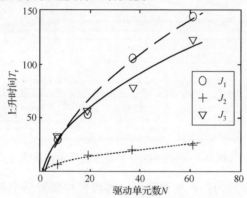

图 6-3 驱动单元数目与目标函数上升时间的关系

本节通过实验分析了 SPGD 算法收敛速度与校正单元数 N 的关系,实验结果与 6.1 节的分析结果基本一致。需要说明的是,受限于变形镜单元数,本章只对 N 为 7、19、37 和 61 四种情况作了分析。由于影响算法收敛速度的因素较多,所以只有对 N 取不同的值进行大量实验,才能比较准确地得出收敛速度与校正单元数之间的关系。

6.3 基于 SPGD 算法的自适应光学校正带宽分析

与常规基于波前探测的自适应光学相比,基于 SPGD 算法的自适应光学难以建立准确的系统传递函数等数学模型,因此很难使用常规的方法分析其带宽。本节中,作者建立了一个高帧频的自适应光学实验系统,然后通过动态波前校正实验来分析系统的校正带宽,其中的 SPGD 算法高速控制器由张金宝等利用 FPGA 设计[6]。

6.3.1 高速自适应光学实验系统

实验系统如图 6-4 所示,主要包括光源、准直扩束系统、湍流模拟装置、倾斜镜、61 单元变形镜、高速成像系统、高速处理机(包括 FPGA 控制器和数/模输出卡)和高压放大器组成。各组成部分的参数为:入射激光光束直径为 120mm,由图 5-1 所示的光源及扩束系统产生;61 单元变形镜如图 6-2 所示;倾斜镜是由中国科学院光电技术研究所自行研制的,有效口径为 180mm;成像系统中的 CCD 型号为 DALSA-CA-D1,64×64 像素,帧频为 2900Hz;FPGA 控制器采用 Xilinx 公司的 XC2V3000-4bga728FPGA;数/模输出卡有 63 个输出通道,其中 61 路用于控制变形镜,其余 2 路用于控制倾斜镜,输出电压范围为±5V。

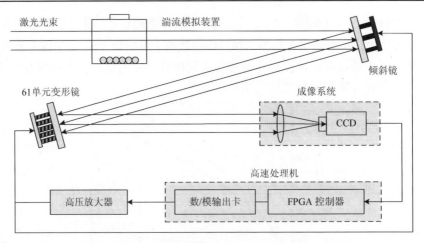

图 6-4 高速 SPGD 自适应光学实验系统

实验系统的工作原理为：入射光束经过湍流模拟装置后引入动态波前像差；然后经过倾斜镜和变形镜反射后进入成像系统聚焦成像；FPGA 控制器读取 CCD 数据计算目标函数，根据 SPGD 算法计算出变形镜校正信号，根据图像质心位置和比例积分控制算法计算出倾斜镜校正信号，然后通过数/模输出卡输出；校正信号由高压放大器放大后由驱动变形镜和倾斜镜完成对动态湍流的补偿。由于本节主要关心 SPGD 算法控制变形镜的带宽，所以下面对 FPGA 控制器实现 SPGD 算法的流程进行介绍，关于倾斜镜的控制在此不作介绍。

实验采用的 CCD 是帧转移型，它的特点是 CCD 曝光和数据输出是一个流水结构，当前曝光的图像数据需要在下一帧转移并输出。FPGA 控制器完成一次 SPGD 迭代的流程如图 6-5 所示。FPGA 控制器在 T_1 内输出正扰动信号 $u^{(n)} + \delta u^{(n)}$，然后 CCD 在 T_2 内曝光；FPGA 控制器在 T_3 内输出负扰动信号 $u^{(n)} - \delta u^{(n)}$，CCD 在 T_4 内曝光，同时 CCD 输出上一帧曝光的图像，即对应于 $u^{(n)} + \delta u^{(n)}$ 的图像数据；FPGA 控制器在 T_5 内计算出目标函数 $J_+^{(n)}$；在 T_6 内 CCD 输出上一帧曝光的图像，即对应于 $u^{(n)} - \delta u^{(n)}$ 的图像数据；在 T_7 内 FPGA 控制器计算出 $J_-^{(n)}$ 和 $u^{(n+1)}$，并输出正扰动 $u^{(n+1)} + \delta u^{(n+1)}$，完成一次迭代。

根据前面的分析并结合图 6-5 可知，FPGA 控制器完成一次 SPGD 迭代需要 3 帧图像。CCD 的帧频为 2900Hz，因此 SPGD 算法的迭代频率为 2900/3 ≈ 96.7Hz。与以前利用 C 程序在工控机中实现的 SPGD 算法相比（利用相同的 CCD，SPGD 的迭代频率大约为 330Hz），利用 FPGA 硬件实现的 SPGD 算法迭代速度得到了大幅度提高，因此把它称为高速 SPGD 自适应光学系统。

实验中采用的湍流模拟装置如图 6-6 所示，装置的主体部分是一个两端不封闭的四方形铁筒。铁筒下部内侧水平放置了六只100Ω的陶瓷电阻，外加电压使其发热以加热周围的冷空气。陶瓷电阻每三个串联后再并联，等效阻值为150Ω。铁筒顶部放置一个抽气式风扇,风扇向上抽取热空气产生垂直于光束传输方向的横向风。光束从铁筒一端进入,经过流动热空气从铁筒另一端射出后,就迭加了模拟湍流产生的动态波前畸变。通过改变陶瓷电阻的外加电压可以改变电阻的发热温度,从而调节湍流的强弱。研究表明[7],该实验装置能产生基本符合大气统计理论的湍流。

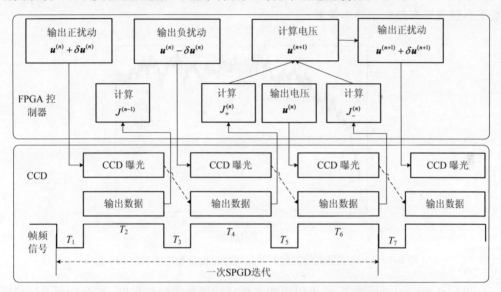

图 6-5　FPGA 控制器完成一次 SPGD 迭代的流程图

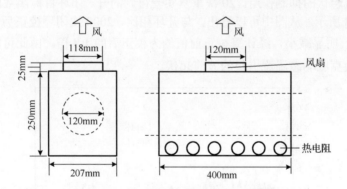

图 6-6　热风式湍流模拟装置示意图

6.3.2　动态波前校正实验结果与分析

采用式(6-8)所示的像清晰度函数作为目标函数进行优化。实验时,首先将湍流模拟装置的电压恒定在 50V,预热一段时间后,使其内部温度基本保持恒定,然后进行多次开、闭环重复实验。每次实验完成迭代 8192 步,用时 8.47s。通过对比开、闭环情况下的目标函数平均值 $\langle J \rangle$、目标函数归一化标准差 $\sigma_J = \langle [J(m) - \langle J \rangle]^2 \rangle^{1/2} / \langle J \rangle$ 和远场光强的峰值来评价系统的闭环效果。图 6-7 为 20 次重复实验得到的开、闭环目标函数的平均值 $\langle J \rangle$ 曲线。从图 6-7 可以看出，在前 2000 次闭环校正中目标函数迅速上升，在这个阶段系统以校正静态像差为主；2000 次闭环校正后，由于动态湍流的影响，目标函数有一定的起伏，与开环相比，闭环的目标函数提高了大约 30 倍。由此可见，基于系统能够有效校正静态像差。

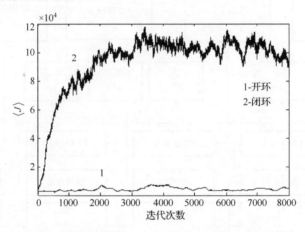

图 6-7　20 次重复实验得到的开、闭环目标函数的平均值 $\langle J \rangle$ 曲线

目标函数归一化标准差 σ_J 可以反映系统目标函数的起伏程度，在此利用它评价系统闭环对湍流起伏的抑制作用。20 次重复实验得到的开、闭环目标函数的归一化标准差 σ_J 如图 6-8 所示。从图中可以看出，与开环相比，2000 次闭环校正后，目标函数归一化标准差 σ_J 明显减小，经计算校正前值约为校正后的 1.8 倍。由此可以说明，闭环系统能够有效克服动态湍流引起的波前起伏。

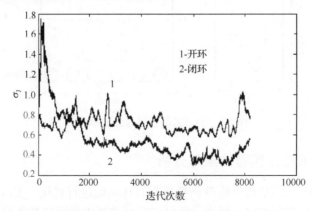

图 6-8　20 次重复实验得到的开、闭环目标函数归一化标准差 σ_J 曲线

图 6-9 为 20 次重复实验得到的开、闭环远场光强均值，即长曝光图像。可以看出，

闭环校正后远场光强的能量集中度明显提高，中心峰值由校正前的 10.6 提高到校正后的 107.15，提高了约 10 倍。

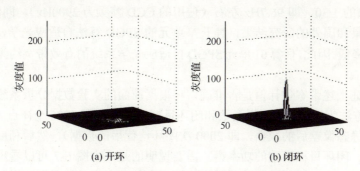

图 6-9　开环和闭环情况下远场的长曝光图像

6.3.3　闭环实验系统的校正带宽分析

本节在前面对收敛速度分析的基础上，通过与基于哈特曼-夏克波前传感器的自适应光学相比，对基于 SPGD 算法的自适应光学的系统带宽进行如下分析[8]。

基于 SPGD 算法的自适应光学，如果只有一个校正单元，由 6.1 节的分析结果可知，每次迭代中的实际扰动 δu（非正即负）和最佳扰动 Δu（非正即负）完全一致或相反，因此校正电压始终沿着最佳扰动方向迭代。对于基于哈特曼-夏克传感器的自适应光学系统而言，校正电压每次都是根据残差电压迭代，即校正电压始终沿着最佳方向迭代。从这一点上来说，1 单元的 SPGD 算法自适应光学与具有波前探测的自适应光学收敛速度基本相当，所以校正带宽比较接近。

根据文献[9]和文献[10]，由哈特曼-夏克波前传感器、波前处理机组成的自适应光学系统，一般存在 2~3 个光电探测器采样周期的时间延迟，从而使得系统的有效带宽 f_s 约为光电探测器帧频 f_c 的 1/30~1/20，即 $f_s = f_c/30 \sim f_c/20$。而 SPGD 算法每完成一次迭代，通常需要三次采样，延迟是 3 帧。因此，1 单元的 SPGD 算法自适应光学系统的带宽约为具有 3 帧延迟的哈特曼-夏克波前探测自适应光学系统的有效带宽，即 $f_s \approx f_c/30$。

对于基于 SPGD 算法的自适应光学系统而言，目标函数是所有校正单元共同作用的结果，根据文献[11]，正是这种校正单元之间的相互耦合，使得算法的收敛速度较慢，最终限制了系统的带宽。结合前面的分析结果，对于 N 单元的 SPGD 算法自适应光学系统，如果完成一次 SPGD 迭代需要三次采样，其收敛速度至少以 $\sqrt{N}$ 减慢，因此系统的校正带宽 f_s 可以利用式（6-11）大致估计为

$$f_s \leq \frac{f_c}{30\sqrt{N}} \tag{6-11}$$

对于本节的高速控制器，SPGD 算法每完成一次迭代需要采样 3 帧，延迟是 3 帧。因此，1 单元的 SPGD 算法 AO 系统带宽约等于 3 帧时间延迟的常规 AO 系统带宽，即 CCD 帧频的 1/30，即 96.7Hz 左右（使用的 CCD 帧频为 2900Hz）。同时，根据 6.1 节的分析结果和国外的研究结果，对于 N 单元的 SPGD 算法自适应光学，其收敛速度至少以 $\sqrt{N}$ 降低。因此，估算 61 单元 SPGD 自适应光学系统的有效带宽约为 $96.7/\sqrt{61}$，即 12Hz 左右。

为了验证上述带宽估计值是否准确，将根据前面的实验数据分析系统的闭环校正带宽。具体方法为：从开环目标函数和闭环目标函数中选取 4096 个样点（闭环目标函数选取校正静态像差后的数据，即 2000 次闭环迭代后的数据），然后利用快速傅里叶变换计算开、闭环目标函数的功率谱。需要说明的是，由图 6-7 可以看出，开、闭环目标函数的幅度不一样，因此开、闭环目标函数的功率谱总能量不一样，为了便于比较，将计算得到的功率谱通过除以各自的总能量进行了归一化处理，记为 S_J。这样，比较的就是开、闭环情况下各频率成分在总能量中所占的比例。

对 10 次实验得到的功率谱数据取平均值作为开、闭环目标函数功率谱，结果如图 6-10 所示。从图 6-10 可以看出，与开环相比，闭环目标函数的低频分量明显较小。

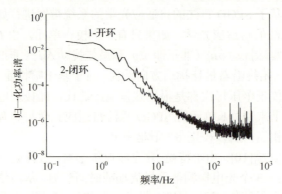

图 6-10　开、闭环情况下目标函数的功率谱密度 S_J

为了能够精确确定闭环功率谱与开环功率谱的交叉点，利用闭环功率谱曲线除以开环功率谱曲线，然后对比值取对数运算，得到的结果如图 6-11 所示。从图 6-11 可以看出，当频率小于 10Hz 时，曲线小于 0dB，即闭环目标函数小于 10Hz 的频率成分所占的比例明显小于开环情况。

对于自适应光学系统而言，由于运算速度的限制，通常能够有效地校正低于某一频率的扰动。因此，与开环情况下相比，闭环情况下低频分量所占的比例应当较低，而高频分量所占的比例应该较高，这个交叉点就可以认为是系统的校正带宽。结合图 6-10 和图 6-11 的分析结果，该实验系统的控制带宽约为 10Hz。上述实验结果表明该实验系统达到的带宽和理论估计带宽基本一致。

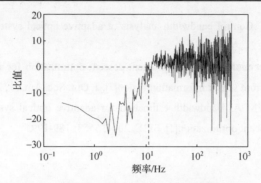

图 6-11 闭环功率谱密度与开环功率谱密度之比

6.4 本章小结

由于 SPGD 算法的特点,难以建立类似于系统传递函数这样的数学模型,因此分析系统的校正带宽非常困难。国外研究人员通过数值仿真的方法进行了分析[12]。本章通过与常规的基于波前探测的自适应光学相比,结合 SPGD 算法收敛速度和波前校正器单元数 N 之间的关系,对系统的带宽问题进行了探索,给出一种估计方法。这对合理分析和设计基于 SPGD 算法的自适应光学系统有一定的参考价值。

参 考 文 献

[1] Carhart G W, Ricklin J C, Sivokon V P, et al. Parallel perturbation gradient descent algorithm for adaptive wavefront correction[J]. SPIE, 1997, 3126: 221-227.

[2] Vorontsov M A. Adaptive photonics phase_locked elements (APPLE): System architecture and wavefront control concept[J]. Proc. SPIE, 2005, 589501:1-10.

[3] Lachinova S L, Vorontsov M A. Performance analysis of an adaptive phase-locked tiled fiber array in atmospheric turbulence conditions[J]. SPIE, 2005, 589500: 1-14.

[4] 周仁忠, 阎吉祥. 自适应光学理论[M]. 北京: 北京理工大学出版社, 1996: 304.

[5] Muller R A, Buffington A. Real-time correction of atmospherically degraded telescope images through image sharpening[J]. J. Opt. Soc. Am., 1974, 64(9): 1200-1210.

[6] 张金宝, 陈波, 李新阳. 基于 FPGA 的多路伪随机序列的生成方法及其应用[J]. 微计算机信息, 2009, 25(10):153-155.

[7] 张慧敏, 李新阳. 热风式大气湍流模拟装置的哈特曼测量[J]. 光电工程, 2004, 31(s1): 5-7.

[8] 陈波, 李新阳. 基于随机并行梯度下降算法的自适应光学系统带宽[J]. 激光与光电子学进展, 2013, 50(3): 030101.

[9] 李新阳, 姜文汉. 自适应光学控制系统的有效带宽分析[J]. 光学学报, 1997, 17(12): 1697-1702.

[10] Li X Y, Jiang W H. Control bandwidth analysis of adaptive optical systems[J]. SPIE, 1997, 3126: 447-454.

[11] Vorontsov M A. Decoupled stochastic gradient descent optimization for adaptive optics: integrated approach for wave-front sensor information fusion[J]. J. Opt. Soc. Am. A., 2002, 19: 356-368.

[12] Miao Y, Vorontsov M A. Bandwidth estimation for adaptive optical systems based on stochastic parallel gradient descent optimization[J]. SPIE, 2004, 5553: 189-199.

第7章 基于 SPGD 算法自适应光学系统中的目标函数

无波前探测自适应光学通过优化系统的目标函数实现对入射波前畸变的校正。当波前畸变被完全校正后，目标函数达到最大值或最小值，因此目标函数应当具有良好的单调特性，而且只有一个最大值或最小值。在实际应用中，针对具体应用通常有很多目标函数可供选择，如在光束净化等应用中有远场峰值、环围能量和各种像清晰度函数等。从第 6 章 6.2 节的实验结果可以看出，当 SPGD 算法对不同的目标函数进行优化时，算法的收敛速度有较大的差别。文献[1]对扩展目标成像的系统目标函数作了一定的分析，也得到类似的结果。因此有必要对系统的目标函数作一些分析，指导实际应用中如何根据实际需要进行合理选择。

本章以激光光束净化、点目标成像等应用为例，首先介绍常用的目标函数，然后通过仿真和实验研究三种常用的目标函数对 SPGD 算法收敛特性的影响，最后总结实际应用中选取目标函数的依据。

7.1 点目标成像无波前探测自适应光学的目标函数

早在 1974 年，国外就已经提出利用优化像清晰度函数的方法来实时校正望远镜系统中大气湍流波前扰动的想法，并进行了理论和仿真分析[2]。我国也在 1985 年采用远场光斑的环围能量作为系统目标函数，利用爬山法直接优化，实现了对中国科学院上海光学精密机械研究所"神光Ⅰ"激光核聚变装置的波前校正[3]。近年来，基于 SPGD 算法的无波前探测自适应光学技术得到越来越多的关注和应用，因此非常有必要分析其中的重要组成——目标函数。

总结近些年国内外的研究结果[2,4]，在点目标成像自适应光学中常用的系统目标函数如表 7-1 所示。此外，还有一些目标函数可以从表 7-1 中的目标函数引申或转换得到。表中的 $I(x,y)$ 表示实际远场光强分布；(x',y') 为光强分布的质心；R 表示远场光强分布的某一区域，通常为理想衍射的爱里斑区域；$I_{max}(x,y)$ 表示实际远场光强峰值；$I^{d}(x,y)$ 理想衍射极限的光强分布。

J_1 所示的目标函数是一种像清晰度函数，更一般的情况是如 J_4 所示的像清晰度函数。由于 J_4 有 m 和 n 两个参数，因此使用起来较为不便，最常见的就是当 m 和 n 均为 0 时所得的目标函数 J_1。这类目标函数已经被证明，如果通过适当的方法使得 J_4（包括 J_1）达到最大值，就完成了波前校正的任务。此外，对 J_1 中的远场强度取三次方甚至更高次方再作求和运算也是一类像清晰度函数，同样可以证明使其最大化也可以完成波前校正的任务，这类目标函数可以通过阵列探测器得到。

表 7-1 点目标成像中常用的目标函数

目标函数	探测方法	信息量	实用性
$J_1 = \iint I^2(x,y)\mathrm{d}x\mathrm{d}y$	阵列探测器	使用所有光强	实用性强
$J_2 = \dfrac{\iint \sqrt{(x-x')^2+(y-y')^2}\,I(x,y)\mathrm{d}x\mathrm{d}y}{\iint I(x,y)\mathrm{d}x\mathrm{d}y}$	单个探测器或阵列探测器	使用所有光强及其位置信息	实用性强
$J_3 = \iint_R I(x,y)\mathrm{d}x\mathrm{d}y$	单个探测器或阵列探测器	使用部分光强信息	实用性强
$J_4 = \iint \left|\dfrac{\partial^{m+n} I(x,y)}{\partial^m x \partial^n y}\right|^2 \mathrm{d}x\mathrm{d}y$	阵列探测器	使用所有光强信息	实用性差
$J_5 = \dfrac{I_{\max}(x,y)}{I_{\max}^{\mathrm{dl}}(x,y)}$	单个探测器或阵列探测器	使用远场峰值，信息量最少	实用性差
$J_6 = \iint \left|I(x,y)-I^{\mathrm{dl}}(x,y)\right|^2 \mathrm{d}x\mathrm{d}y$	阵列探测器	使用所有光强	实用性差
$J_7 = \iint I^{\mathrm{dl}}(x,y) I(x,y) \mathrm{d}x\mathrm{d}y$	阵列探测器	使用部分或全部光强信息	实用性差
$J_8 = \iint M(x,y) I(x,y) \mathrm{d}x\mathrm{d}y$	与 $M(x,y)$ 有关	与 $M(x,y)$ 有关	与 $M(x,y)$ 有关

J_2 所示的目标函数称为平均半径。可以明显看出，当波前畸变被校正后，J_2 趋于极小值。与 J_1 和 J_4 相比，J_2 使用了位置信息，直观反映的就是远场能量的分布情况，因此信息量较大，似乎是一种比较好的目标函数。J_2 可以通过在单个探测器前面放置一个特定透过率的模板来探测得到，同样可以利用阵列探测器的输出经过运算得到。

J_3 所示的目标函数记为环围能量，较常用的情况就是取理想衍射的爱里斑区域的能量。当波前畸变被校正后，J_3 趋于极大值。它使用了远场的部分能量，因此使用的信息量相对较少。J_3 可以通过在单个探测器前面放置一个特定的光阑来探测得到，同样也可以利用阵列探测器得到。

J_5 所示的目标函数为远场峰值斯特列尔比。通常情况下，由于理想的 $I_{\max}^{\mathrm{dl}}(x,y)$ 难以得到，因此直接对 $I_{\max}(x,y)$ 进行优化。已经证明，当波前畸变被校正后，J_5 趋于最大值。可以看出，J_5 只用了远场分布的某一点的信息，因此信息量最少。同时在实际应用中，由于光源起伏的影响，J_5 容易陷入局部极值。J_5 可以通过在单个探测器前面放置一个针孔来探测得到，也可以利用阵列探测器得到。

J_6 所示的目标函数是表示像缺陷的函数，可以直观得到，当实际像与理想像完全相同时，目标函数最小。由于理想的 $I^{\mathrm{dl}}(x,y)$ 通常难以得到，所以实用性较差。将 J_6 展开就可以得到目标函数 J_1 和 J_7。当波前畸变被校正后，J_7 趋于极大值。同样，由于理想的 $I^{\mathrm{dl}}(x,y)$ 难以得到，所以 J_7 实用性较差。

J_8 是一种更普遍的目标函数，其中 $M(x,y)$ 为光阑的透过率函数，不同的 $M(x,y)$

表示不同的目标函数。较常用的有以下几种：当 $M(x,y)$ 与理想衍射极限下的 $I^{\text{dl}}(x,y)$ 一致时，J_8 就等价于 J_7；当 $M(x,y)$ 为一针孔透过率函数时，J_8 就与 J_5 一致；当 $M(x,y)$ 为一个一定大小的通光函数时，J_8 就与 J_3 一致。

总结上面的分析结果，在点目标成像系统中，较简单实用的目标函数有像清晰度函数 J_1、平均半径 J_2 以及环围能量 J_3。接下来主要分析利用 SPGD 算法闭环校正时这三种目标函数的特性，并总结出一些分析目标函数的实用方法。

7.2 像清晰度函数 J_1、平均半径 J_2 和环围能量 J_3 的特性分析

SPGD 算法通过优化系统目标函数完成对波前像差的校正，因此目标函数可以看作波前残差的函数，而且应当具有单峰值性质，即当波前残差的均方根值（RMS）为零时，目标函数达到最大或最小值。此外，如果该目标函数的单调性很好，那么闭环迭代时，目标函数就不容易陷入局部极值。接下来将通过数值仿真来分析像清晰度函数 J_1、平均半径 J_2 和环围能量 J_3 与波前残差 RMS 的关系，据此分析目标函数的适用范围和动态特性。

7.2.1 目标函数随波前残差 RMS 的变化趋势

为了便于比较，将三种指标归一化到 0～1 范围内。同时，由于平均半径 J_2 是向极小值优化的，为了与 J_1 和 J_3 比较，利用 $1-J_2$ 来替代 J_2（$1-J_2$ 与 J_2 的斜率绝对值相等，不改变单调性）。

首先分析目标函数随各阶 Zernike 像差 RMS 的变化趋势。图 7-1 为归一化目标函数随前 3～10 阶 Zernike 像差 RMS 的变化曲线，其中横坐标为 Zernike 像差的 RMS，单位为波长，纵坐标为归一化目标函数。

从图 7-1 可以看出以下几点。

（1）三种目标函数都具有单峰值特性，当波前残差的 RMS 为零时，目标函数达到最大或最小值。

（2）三种目标函数随残差 RMS 变化的快慢程度不同。

（3）当像差的 RMS 小于 0.25λ 时，随着残差 RMS 的增大 J_1 快速减小，当像差的 RMS 大于 0.25λ 时，随着残差 RMS 的增大 J_1 非常缓慢地减小，即斜率非常小。

（4）当残差 RMS 小于 0.5λ 时，J_3 随 RMS 变化的斜率较大，当残差 RMS 大于 0.5λ 时，J_3 随 RMS 大小变化的斜率很小。

（5）在整个分析范围内，J_2 与波前残差 RMS 几乎呈线性关系。

自适应光学系统校正的对象通常是大气湍流引起的波前像差，因此接下来将分析三种目标函数随湍流像差的变化趋势。根据 Roddier 提出的方法[5]，利用前 65 阶 Zernike 多项式随机生成符合 Kolmogorov 特性、RMS 值不等的波前像差，分析了三种目标函数随波前残差 RMS 的变化趋势，结果如图 7-2 所示。可以看出，目标函数对像差变化的敏感度与图 7-1 的结果基本一致，即 J_1 对像差变化敏感的区域约为 RMS 小于 0.25λ；

J_3 对像差变化的敏感区域约为 RMS 小于 0.5λ；J_2 的敏感区域最大，与像差的 RMS 几乎呈线性关系。

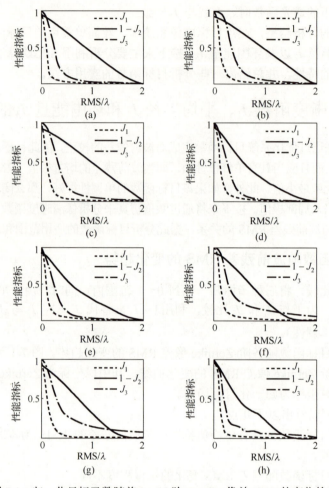

图 7-1　归一化目标函数随前 3～10 阶 Zernike 像差 RMS 的变化趋势

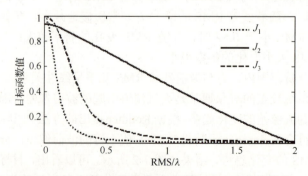

图 7-2　归一化目标函数随湍流像差 RMS 的变化趋势

总结图 7-1 和图 7-2 的分析结果，说明以下几点。

（1）当像差 RMS 小于 0.25λ 时，J_1 对像差的大小变化非常敏感，当像差 RMS 大于 0.25λ 时，J_1 对波前的微小扰动不敏感，因此 J_1 的适用范围约为 RMS 小于 0.25λ 的像差。

（2）J_3 对像差变化比较敏感的区域约为 RMS 小于 0.5λ，即 J_3 的适用范围为 RMS 小于 0.5λ 的像差。

（3）J_2 随像差 RMS 几乎呈线性变化，因此 J_2 的动态范围最大。

7.2.2　目标函数扰动 $|J_+ - J_-|$ 随波前残差 RMS 的变化趋势

根据第 6 章 SPGD 算法的迭代公式（6-1）可知，相同的扰动电压下，$|J_+ - J_-|$ 越大收敛速度越快；同时 $|J_+ - J_-|$ 的取值范围能够反映出在校正过程中如何调整式（3-10）中的参数 γ。接下来利用 32 单元变形镜（图 5-2）作为波前校正器，仿真分析三种目标函数的 $|J_+ - J_-|$ 随像差 RMS 的变化趋势。

固定扰动电压幅度 $|\delta u_j| = 0.2$，三种目标函数的 $|J_+ - J_-|$（归一化结果）随像差 RMS 的变化趋势如图 7-3 所示，从图中可以看出以下几点。

（1）当像差的 RMS 接近零时，三种目标函数的 $|J_+ - J_-|$ 都趋于零，进一步说明 SPGD 算法可以稳定收敛。

（2）对于 J_1 来说，$|J_+ - J_-|$ 的变化范围最大，为 1~0.0013：当像差 RMS 大于 0.1λ 时，随着 RMS 增大 $|J_+ - J_-|$ 减小；当 RMS 大于 0.25λ 后，$|J_+ - J_-|$ 迅速减小至接近零。

（3）对于 J_3 来说，$|J_+ - J_-|$ 的变化范围为 1~0.02：当像差 RMS 大于 0.2λ 时，随着 RMS 的增大 $|J_+ - J_-|$ 减小；当 RMS 大于 0.5λ 后，$|J_+ - J_-|$ 迅速减小。

（4）对于 J_2 来说，当像差 RMS 大于 0.15λ 时，$|J_+ - J_-|$ 始终保持在 0.7 附近，变化范围为 1~0.55。

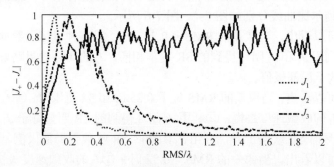

图 7-3　$|J_+ - J_-|$ 随湍流波前 RMS 的变化趋势

上述结果说明以下几点。

（1）对于 J_2 来说，$|J_+ - J_-|$ 随像差 RMS 变化的范围较小，因此固定式（3-10）中的参数 γ 对算法的收敛特性影响较小，在校正过程中不需要实时调整参数。

（2）对于 J_1 和 J_3 来说，当像差 RMS 较小时，$|J_+ - J_-|$ 较大时，γ 应当取较小的值来防止目标函数振荡和局部收敛；当像差 RMS 较大时，$|J_+ - J_-|$ 较小时，γ 应当取较大的值来克服噪声等干扰，提高收敛速度，因此固定 γ 值对算法的收敛速度影响很大，在校正过程中需要引入自动调节 γ 值的方法。

通过分析三种目标函数以及相应的 $|J_+ - J_-|$ 随波前残差 RMS 的变化趋势，可以得出：①三种目标函数均具有单峰特性和较好的单调性，因此都可以用作优化的目标函数；②利用 J_2 闭环时，由于 $|J_+ - J_-|$ 的起伏较小，在校正过程中固定 γ 对算法的收敛特性影响较小；③利用 J_1 和 J_3 闭环时，由于 $|J_+ - J_-|$ 的起伏较大，容易陷入局部极值（γ 过大）或收敛速度非常慢（γ 太小），因此兼顾全局收敛和收敛速度，需要采取措施使参数 γ 根据像差的大小自动调整[6]，增加了算法的复杂性。

因此，J_2 的适用范围和动态收敛特性较好，利用其作为优化指标进行迭代时，不易陷入局部极值，而且收敛速度最快。

7.3 三种目标函数的 SPGD 算法闭环仿真

为了验证以上分析结果，本节建立了相应的数值仿真模型，分别采用像清晰度函数 J_1、平均半径 J_2、环围能量 J_3 作为目标函数，研究 SPGD 算法的收敛特性。

基于 SPGD 算法的点目标成像自适应光学仿真模型如图 3-1 所示。入射波前畸变、波前校正器、成像系统和 SPGD 控制器的模型及参数见第 3 章 3.1 节，在此不再重复，波前畸变的生成采用 Roddier 提出的方法[5]。

随机产生 100 帧畸变波前，根据 J_1 和 J_3 的敏感区域将像差分成三组：RMS < 0.25λ，0.25λ < RMS < 0.5λ 和 RMS > 0.5λ。然后利用三种指标进行闭环，得到的目标函数曲线和峰值斯特列尔比曲线分别如图 7-4～图 7-6 所示。

从图 7-4 可以看出，当像差的 RMS < 0.25λ 时：①三种目标函数曲线的收敛速度基本相同；②利用 J_1 和 J_2 闭环得到的 SR 基本相同，J_2 的闭环效果略好一些，利用 J_3 闭环时 SR 收敛于局部极值。

从图 7-5 可以看出，当像差的 RMS 位于 0.25λ～0.5λ 范围时：①J_2 和 J_3 的收敛速度基本相同，J_1 的收敛速度最慢；②利用 J_2 闭环得到的 SR 明显好于 J_1 和 J_3 的闭环结果，利用 J_1 闭环时 SR 缓慢上升，利用 J_3 闭环时 SR 收敛于局部极值。

从图 7-6 可以看出，当像差的 RMS > 0.5λ 时：①J_2 的收敛速度最快，其次为 J_3，J_1 的收敛速度最慢；②利用 J_2 闭环得到的 SR 明显好于 J_1 和 J_3 的闭环结果，利用 J_1 和 J_3 闭环时 SR 缓慢上升。

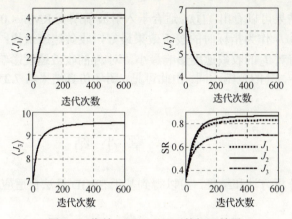

图 7-4 像差 RMS < 0.25λ 的闭环结果

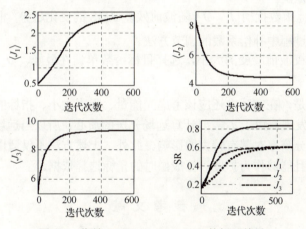

图 7-5 像差 0.25λ < RMS < 0.5λ 的闭环结果

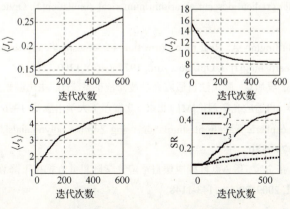

图 7-6 像差 RMS > 0.5λ 的闭环结果

总结上面的结果可以看出：①J_1 适合于入射波前畸变 RMS < 0.25λ 时；②J_3 容易陷入局部极值；③J_2 作为指标时的校正效果最好，收敛速度最快；④随着像差 RMS 的增大，固定 k 值对 J_2 的收敛速度影响最小，对 J_1 的收敛速度影响最大，其次为 J_3，主要原因在于 $|J_+ - J_-|$ 的范围不同。由此可见，闭环仿真结果与 7.2 节的分析结果完全一致。

7.4 本章小结

总结前面的分析方法和结果，可以得到基于 SPGD 算法自适应光学中性能指标的选择依据。

（1）分析可供选择的目标函数随波前残差 RMS 的变化趋势，根据其单调性找出各个指标的适用范围。

（2）分析目标函数扰动 $|J_+ - J_-|$ 随波前残差 RMS 的变化趋势，根据变化趋势和动态范围确定校正过程中补偿系数的调节方法。

（3）结合待校波前畸变的大小，选择目标函数单调性最好、$|J_+ - J_-|$ 变化范围最小的指标。

需要说明的是，在实际中还应该考虑光能量、噪声大小、指标的运算量等因素。例如，在实验中发现，由于 J_2 需要计算远场光斑的质心，所以当远场光强较弱时，探测器的噪声以及分辨率对其有较大的影响。此外，上述方法不仅适用于点目标成像时的指标选择，而且能够作为扩展目标成像时的指标选择依据。

参 考 文 献

[1] Yang H Z, Li X Y, Gong C L, et al. Restoration of turbulence-degraded extended object using the stochastic parallel gradient descent algorithm numerical simulation[J]. Optics Express, 2009, 17(5): 3052-3062.

[2] Muller R A, Buffington A. Real-time correction of atmospherically degraded telescope images through image sharpening[J]. J. Opt. Soc. Am., 1974, 64(9): 1200-1210.

[3] 姜文汉, 黄树辅, 吴旭斌. 爬山法自适应光学波前校正系统[J]. 中国激光, 1988, 15(1): 17-21.

[4] 周仁忠, 阎吉祥. 自适应光学理论[M]. 北京: 北京理工大学出版社, 1996: 304-306.

[5] Roddier N. Atmospheric wavefront simulation using Zernike polynomials[J]. Optical Engineering, 1990, 29(10): 1174-1180.

[6] 陈波, 杨慧珍, 张金宝, 等. 点目标成像自适应光学随机并行梯度下降算法目标函数与收敛速度[J]. 光学学报, 2009, 29(5): 1143-1148.

第三篇　基于 SPGD 控制算法的 AO 系统性能优化

从本书第二篇基于 SPGD 控制算法的 AO 系统基本性能研究来看,当系统的硬件,如变形镜、CCD 等光电器件确定以后,SPGD 算法的随机扰动电压、增益系数及性能指标等都对系统的收敛速度有着极大的影响,本篇从不同角度探讨提高基于 SPGD 算法的无波前探测自适应光学系统收敛速度的可能途径。

第 8 章　基于 Zernike 模式的 AO 系统优化

本章从控制系统结构优化的角度出发研究 AO 系统收敛速度改进问题。首先以 SPGD 控制算法在自适应光学中的应用为背景，从理论角度探讨速度的提高问题。然后以不同的像差为校正对象，给出相关的仿真结果验证理论推导的合理性。

8.1　理 论 基 础

算法的迭代特性决定了 SPGD 控制算法需要一定的搜索时间在参数空间中搜索最优解，因此在实时控制的自适应光学系统应用中就要考虑它的收敛速度问题。如果不加以改进，那么 SPGD 算法仅适用于静态或缓慢变化的波前校正[1]。国外已经使用 VLSI 硬件实现该算法来加快算法的执行速度[2]，使得相对收敛速度加快，可以获得每秒 7000 次的迭代速度，这样的迭代次数可以跟得上中等湍流的变化速度[3]。国内中国科学院光电技术研究所也于 2009 年开发出了类似的硬件[4]。

硬件实现时，算法虽然能够修改，但毕竟不能像软件控制那样容易，实现过程比较长。从另一方面来讲，硬件实现虽加快了算法的执行速度，但是算法本身要达到收敛所需要的迭代次数并没有减少。在实验和原理性验证阶段，软件控制更具有简单、灵活的优势，本节不讨论硬件实现的方式，仅结合自适应光学系统的特点，在不改变软件控制方式的前提下，探索能提高 SPGD 控制算法收敛速度的方法。讨论之前先来回顾一下 SPGD 控制算法的实现过程。

SPGD 算法利用目标函数的变化量 δJ 与控制参数的变化量 δu 进行控制参数的梯度估计，在梯度下降方向上进行控制参数的搜索。第 k 次迭代时，电压向量 $u = \{u_1, u_2, \cdots, u_N\}$ 的计算公式为

$$u^{(k+1)} = u^{(k)} + \gamma \delta u^{(k)} \delta J^{(k)} \qquad (8\text{-}1)$$

式中，$\delta u^{(k)} = \{\delta u_1, \delta u_2, \cdots, \delta u_n\}^{(k)}$ 为第 k 次迭代时施加的扰动电压向量；γ 为一个小的常量，若朝着指标函数极大方向优化，则 γ 取正值，反之取负值。

8.1.1　控制系统结构优化

设 $\phi(r)$ 为残余波前，$\varphi(r)$ 为初始畸变波前，$m(r)$ 为变形镜生成的补偿面形，三者有如下关系：$\phi(r) = \varphi(r) + m(r)$，其中 $r = \{x, y\}$ 为正交于光轴的平面中的向量，$\phi(r)$、$\varphi(r)$ 和 $m(r)$ 均为连续函数。

为方便处理残余波前，使用式（8-2）作为 SPGD 控制算法优化的目标函数，即

$$J = \frac{1}{D}\int \phi^2(r)\mathrm{d}^2 r \tag{8-2}$$

式中，D 为波前校正器的通光口径。当然，如果不进行波前测量，则无法得到式（8-2），但是当波前畸变小时，自适应光学系统中所使用的大部分目标函数都可以使用上式中的波前误差指标来表述，有着相应的对应关系。因此使用式（8-2）进行问题讨论的结果同样适用于其他类型的目标函数。

当施加扰动电压向量 $\{\delta u_j\}$ 时，得到波前相位扰动为

$$\delta m(r) = \sum_{j=1}^{N} \delta u_j V_j(r) \tag{8-3}$$

相位扰动 $\delta m(r)$ 所带来的指标变化为

$$\delta J = J[\phi(r) + \delta m(r)] - J[\phi(r)] \tag{8-4}$$

回顾电压迭代公式 $u = u + \gamma \delta u \delta J$ 可知，当系统中增益系数 γ 和电压扰动幅度固定时，δJ 的绝对值大小决定了梯度方向前进的尺度，$|\delta J|$ 越大，指标下降越快。因此可以通过使 δJ 的期望 $\langle \delta J \rangle$ 的绝对值最大化来加速收敛。取其期望则是对随机相位畸变 $\phi(r)$ 和相位扰动 $\delta m(r)$ 进行系综平均。

为排除 δJ 对相位扰动幅度的依赖性，作如下限制：

$$\frac{1}{D}\int \langle \delta m^2(r) \rangle \mathrm{d}^2 r \leqslant P^2 \tag{8-5}$$

式中，$P \ll 1$，是一个常数。对于式（8-4）来说有

$$\begin{aligned}\delta J &= \frac{1}{D}\int [(\phi(r) + \delta m(r))^2 - \phi^2(r)]\mathrm{d}^2 r \\ &= \frac{1}{D}\int [\delta^2 m(r) + 2\delta m(r)\phi(r)]\mathrm{d}^2 r\end{aligned} \tag{8-6}$$

可以得到 δJ 的期望 $\langle \delta J \rangle$ 为

$$\langle \delta J \rangle = \frac{1}{D}[\int \langle \delta^2 m(r) \rangle \mathrm{d}^2 r + 2\int \langle \delta m(r)\phi(r) \rangle \mathrm{d}^2 r] \tag{8-7}$$

相应地，

$$\langle \delta J \rangle \leqslant \langle \delta J \rangle_{\max} = P^2 + \frac{2}{D}\max\left|\int \langle \delta m(r)\phi(r) \rangle \mathrm{d}^2 r\right| \tag{8-8}$$

从式（8-8）可以看出，$\langle \delta J \rangle_{\max}$ 取决于相关项：

$$\eta = \frac{1}{D}\int \langle \delta m(r)\phi(r) \rangle \mathrm{d}^2 r \tag{8-9}$$

由数学知识可以知道，当 $\delta m(r)$ 和 $\phi(r)$ 相关时，η 可以达到最大值。因此由式（8-9）可以得到两点启发：

第 8 章 基于 Zernike 模式的 AO 系统优化

（1）若要使得控制算法在梯度方向上下降得最快，必须使 $\delta m(r)$ 和 $\phi(r)$ 的相关系数 η 最大，即要求扰动相位和残余相位具有最大的相关性。

（2）算法迭代过程中，残余相位随时在发生变化，因此迭代过程中也要求 $\delta m(r)$ 的统计特性随之发生变化，以使二者之间获得最大的相关性。

为估计最大期望值 $\langle \delta J \rangle_{\max}$，假定所使用的扰动和残余相位畸变是统计上相互依赖的随机函数：

$$\delta m(r) = \alpha \phi(r), \quad \langle \delta m(r) \phi(r) \rangle = \alpha \langle \phi^2(r) \rangle \tag{8-10}$$

式中，$\alpha \ll 1$ 是一个小的常量。在这种情况下不等式（8-5）可以转化成

$$(\alpha^2 / D) \int \langle \phi^2(r) \rangle \mathrm{d}^2 r \leqslant P^2 \tag{8-11a}$$

或者

$$\alpha \leqslant P / (\langle J \rangle)^{1/2} \tag{8-11b}$$

式中，$\langle J \rangle$ 为目标函数期望。对于 $\alpha = P / (\langle J \rangle)^{1/2}$，由于 $\alpha \ll 1$，则可得 $P \ll (\langle J \rangle)^{1/2}$。将式（8-11）代入式（8-8），可以得到

$$\langle \delta J \rangle = \langle \delta J \rangle_{\max} \approx 2P(\langle J \rangle)^{1/2} \tag{8-12}$$

从式（8-12）可以看到，能够达到的最大期望值 $\langle \delta J \rangle_{\max}$ 依赖于当前迭代过程目标函数 $\langle J \rangle$ 的大小和孔径平均扰动幅度 P。

由于要求 $\delta m(r)$ 和 $\phi(r)$ 之间具有完全统计依赖性，在对残余相位 $\phi(r)$ 不了解的情况下这种要求实际上很难做到，因而式（8-12）中的期望值 $\langle \delta J \rangle_{\max}$ 也不可能达到。另外，波前校正器有着有限的空间频率带宽，在工作带宽之外的谱域是无法提供扰动的。然而，期望值 $\langle \delta J \rangle_{\max}$ 的估计可以被用于比较分析以及控制系统结构的优化。

假设波前校正器的影响函数为 N 个正交影响函数集合 $\{S_j(r)\}$，则由校正器形成的扰动 $\delta m(r)$ 为

$$\frac{1}{D} \int S_j(r) S_i(r) \mathrm{d}^2 r = \sigma_{ji}, \quad \delta m(r) = \sum_{j=1}^{N} \delta u_j S_j(r) \tag{8-13}$$

使用条件式（8-13），可以描述式（8-8）和式（8-9）中的相关项：

$$\eta_N \equiv \eta = \frac{1}{D} \int \langle \delta m(r) \phi(r) \rangle \mathrm{d}^2 r = \sum_{j=1}^{N} \langle b_j \delta u_j \rangle \tag{8-14}$$

式中，$\{b_j\}$ 是残余相位 $\phi(r)$ 分解式中 $\{S_j(r)\}$ 项的系数：

$$\phi(r) = \sum_{j=1}^{\infty} b_j S_j(r), \quad b_j = \frac{1}{s} \int \phi(r) S_j(r) \mathrm{d}^2 r \tag{8-15}$$

η_N 的最大值和随机扰动 $\{\delta u_j\}$、系数 $\{b_j\}$：$\langle \delta u_j b_j \rangle = \alpha \langle b_j^2 \rangle$ 有关，在这种情况下，由式（8-14）可以得到

$$\eta_N = \alpha \sum_{j=1}^{N} \langle b_j^2 \rangle \qquad (8\text{-}16)$$

为达到式（8-5）扰动幅度的极限，设置 $\alpha = \alpha_0$ 且

$$\alpha_0 = P\left(\sum_{j=1}^{N} \langle b_j^2 \rangle\right)^{-1/2} \qquad (8\text{-}17)$$

此时，式（8-16）和式（8-8）各自变成

$$\eta_N = P\left(\sum_{j=1}^{N} \langle b_j^2 \rangle\right)^{1/2} \qquad (8\text{-}18)$$

$$\langle \delta J \rangle \approx 2\alpha_0 \sum_{j=1}^{N} \langle b_j^2 \rangle = 2P\left(\sum_{j=1}^{N} \langle b_j^2 \rangle\right)^{\frac{1}{2}}$$

控制系统结构优化的目标就是：在对自适应光学系统性能影响很小或没有影响的情况下，降低控制通道的个数。从这个观点来看，正交函数集合 $\{S_j(r)\}$ 是理想的（与其他任何正交函数集合相比较），对于一个固定的 N、相关 η_N，式（8-18）中的性能质量指标 $\langle \delta J \rangle$ 可以达到最大值。

事实上，常用的波前校正器，如连续表面分立式压电变形镜各驱动器的影响函数不可能实现正交，除非求解其本征模[5]。针对像素类型的波前校正器，Vorontsov 等提出了带有全局耦合的 SPGD 控制算法，一定程度上提高了算法的收敛速度[6]。众所周知，对于相对低阶的畸变，使用 Zernike 多项式分析与 Kolmogorov 湍流模式有关的相位扰动较为方便，几乎接近最优。如果变形镜的影响函数也和 Zernike 多项式关联起来，则在某种意义上可以说由变形镜引入的相位扰动 $\delta m(r)$ 和残余相位 $\phi(r)$ 具有相关性，因为二者都可以被认为是 Zernike 多项式的线性组合。那么变形镜的影响函数能否和 Zernike 多项式联系起来呢？答案是肯定的。本章提出针对连续表面分立驱动器压电变形镜的全局耦合算法。

8.1.2 Zernike 多项式和校正器影响函数的关系

理论分析中，常常采用圆域的 Zernike 多项式来描述畸变波前，而且 Zernike 多项式对低阶像差的描述接近理想情况。针对这种由 Zernike 多项式描述的波前，残余相位 $\phi(r)$ 可以看作各阶 Zernike 多项式的线性组合，即

$$\phi(r) = \sum_{i=1}^{M} a_i Z_i(r) \qquad (8\text{-}19)$$

$$a_i = \sum_{j=1}^{M} \phi(r) Z_j(r) \qquad (8\text{-}20)$$

式中，M 为 Zernike 阶数；a_i 为第 i 阶 Zernike 系数；$Z_i(r)$ 为第 i 阶 Zernike 模式。变形镜引入的相位 $m(r)$ 理论上可以计算为

第 8 章　基于 Zernike 模式的 AO 系统优化

$$m(r) = \sum_{j=1}^{N} u_j V_j(r) \tag{8-21}$$

式中，u_j 为第 j 个驱动器所加电压；$V_j(r)$ 为第 j 个驱动器的影响函数；N 为驱动器个数。使用变形镜来拟合 Zernike 多项式描述的波前为

$$\sum_{i=1}^{M} a_i Z_i(r) = \sum_{j=1}^{N} u_j V_j(r) + E(r) \tag{8-22}$$

式中，$E(r)$ 为波前拟合残差小量。上式两边同时乘以某一个驱动器影响函数 $V_l(r)$，并在单位圆 T 上积分平均，得到方程

$$T^{-1}\int_S \sum_{i=1}^{M} a_i Z_i(r) V_l(r) \mathrm{d}^2 r = T^{-1}\int_S \left[\sum_{j=1}^{N} u_j V_j(r) + E(r)\right] V_l(r) \mathrm{d}^2 r \tag{8-23}$$

式（8-23）可以得到一个矩阵方程，即

$$\boldsymbol{C}_{zv}\boldsymbol{a} = \boldsymbol{C}_v \boldsymbol{v} + \boldsymbol{\varepsilon} \tag{8-24}$$

$$\boldsymbol{C}_{zv}(i,j) = T^{-1}\int_S V_i(r) Z_j(r) \mathrm{d}^2 r \tag{8-25}$$

$$\boldsymbol{C}_v(i,j) = T^{-1}\int_S V_i(r) V_j(r) \mathrm{d}^2 r \tag{8-26}$$

式中，$\boldsymbol{C}_{zv}$ 为驱动器影响函数与 Zernike 模式间的相互关系矩阵；$\boldsymbol{C}_v$ 为驱动器影响函数间的耦合矩阵，为对称可逆阵；$\boldsymbol{\varepsilon}$ 为拟合残差向量。式（8-24）的最小方差解为

$$\boldsymbol{v}^* = \boldsymbol{C}_v^{-1} \boldsymbol{C}_{zv} \boldsymbol{a} \tag{8-27}$$

可以证明最佳控制电压 $\boldsymbol{v}^*$ 使波前拟合方差 $\sigma_\varepsilon^2 = S^{-1}\int_S E^2(x,y)\mathrm{d}x\mathrm{d}y$ 最小。

式（8-27）表达了驱动器控制电压向量和 Zernike 系数之间的关系，要计算电压，只需知道驱动器影响函数与 Zernike 模式间的相互关系矩阵 $\boldsymbol{C}_{zv}$、驱动器影响函数间的耦合矩阵 $\boldsymbol{C}_v$（这两个矩阵可以事先计算出来）及向量 $\boldsymbol{a}$。这样，在 SPGD 算法中就可以把优化的对象从驱动器控制电压转化成 Zernike 系数 $\boldsymbol{a}$。

具体实现时，优化对象为 Zernike 系数 $\boldsymbol{a}$，得到 $\boldsymbol{a}$ 后根据式（8-27）计算电压，然后施加到变形镜。Zernike 模式的阶数 M 可以根据校正的要求具体决定。和以前的直接优化驱动器控制电压相比，增加了式（8-27）的计算量，$\boldsymbol{C}_{zv}$ 和 $\boldsymbol{C}_v$ 事先计算，直接调用。计算量稍增加，但算法的收敛速度可望大大提高。下面讨论优化 Zernike 系数的具体实现方式，并给出相关仿真结果，仿真模型请参考本书第 3 章相关内容，本章不再赘述。

8.2　仿真结果与分析

本节首先对 32 单元和 61 单元变形镜的校正能力进行分析，在此基础上分别提出适合低阶像差和高阶像差的优化方法。

8.2.1 32单元和61单元变形镜校正能力分析

以变形镜对各单阶像差的拟合能力来考查变形镜的校正能力,其中各单阶像差的RMS均为一个波长。大多数自适应光学系统中,倾斜像差使用单独的控制回路来校正,这里不考虑倾斜项。图8-1和图8-2分别给出了32单元和61单元变形镜的校正能力曲线图。直线为给定各单阶像差的RMS,星号线为变形镜产生波前的RMS,圆圈线为校正后残余波前的RMS。

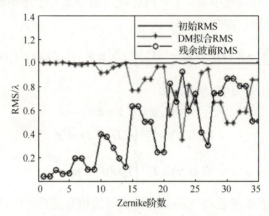

图 8-1　32单元变形镜校正能力曲线

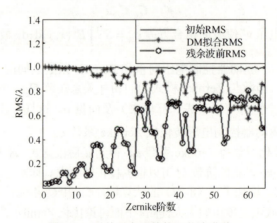

图 8-2　61单元变形镜校正能力曲线

从图8-1和图8-2可以看出,32单元变形镜对Zernike多项式前15阶有较好的校正效果,而61单元变形镜对前27阶有相对较好的拟合效果。

8.2.2 低阶像差的模式优化和驱动器电压优化比较

如果系统中仅含有10阶以内的像差,也就是说像差主要是低阶分量,则32单元变形镜就可以很好地校正。这里以一个低阶像差为校正对象，分别以32单元和61单元变形镜为波前校正器，考察模式系数优化和驱动器电压优化的收敛速度及校正效果。图 8-3(a)为待校正的波前像差，3～10阶系数如下：Z(3)=1.223，Z(4)=0.7，Z(5)=-0.5，Z(6)=0.3，Z(7)=-0.4，Z(8)=-0.3，Z(9)=0.3，Z(10)=-0.1。图 8-3(b)为相应的校正前远场光斑，轴上归一化光强即初始SR为0.1。

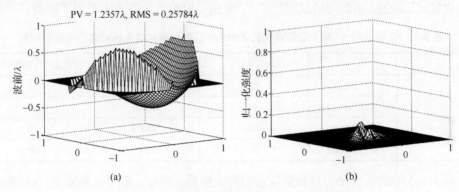

图 8-3 (a)原始畸变波前和(b)对应的远场光斑

图 8-4 给出了 32 单元和 61 单元变形镜分别优化 Zernike 系数和驱动器电压时的 SR 变化曲线，共进行了 1000 次算法迭代，图中的 4 条曲线分别是各自情况下随机运行 100 次后的平均结果（本章中以下类似曲线如不特殊说明均为 100 次平均的结果）。以 SR 到达 0.8 所需的迭代次数衡量收敛速度，因为在大多数自适应光学系统中 SR 为 0.8 则被认为像差已经得到很好的校正。表 8-1 给出了上述几种情况下 SR 分别达到 0.8 所需的迭代次数、1000 次迭代后算法的收敛值以及千次迭代计算机用时。

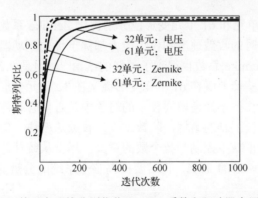

图 8-4 32单元和61单元变形镜分别优化Zernike系数和驱动器电压时的SR变化曲线

从图 8-4 中曲线以及表 8-1 中的数据可以看出，不论32 单元变形镜还是61 单元变形镜，优化 Zernike 系数时收敛速度明显提高。与优化驱动器电压相比，优化 Zernike 系数时 32 单元变形镜 SR 至 0.8 所需迭代次数几乎减少了一半，而 61 单元变形镜几乎减少为优化电压时的 1/4,由此可以看出单元数越多,这种优势越明显,因为此时控制参数的个数和驱动器个数基本上不再是一对一的关系。再来看 SR 收敛值,不管是 32 单元还是 61 单元变形镜,优化 Zernike 系数时的校正效果都稍好于优化驱动器电压。从前面的分析知道,优化 Zernike 系数时,增加了从 Zernike 系数到驱动器电压转换的计算量,需要用去一定的时间。表 8-1 给出不同情况下的计算机用时,可以看出 1000 次迭代优化 Zernike 系数用时仅增加了 5s 或 6s,但收敛速度大大得到了提高。

表 8-1 32 单元和 61 单元变形镜优化 Zernike 系数和驱动器电压时的各项指标数据

		SR 到 0.8/次	SR 收敛值	千次迭代计算机用时/s
32 单元	优化电压	83	0.9713	285
	优化 Zernike	45	0.9788	290
61 单元	优化电压	137	0.9823	310
	优化 Zernike	33	0.9928	316

从表 8-1 中的数据还可以验证以前的有关结论。例如,就单元数来说,61 单元变形镜的分辨率高于 32 单元变形镜的分辨率,表中的收敛值验证了这一点,换句话说,单元数越高校正能力越高;再如,同样优化驱动器电压时,32 单元变形镜的控制参数为 32 个,61 单元变形镜的参数为 61 个,对于同一种像差,前者收敛至 0.8 需要 83 次迭代,而后者需要 137 次迭代。我们在第 2 章 2.6 节关于收敛速度的分析中指出,随着控制参数个数 N 的增加,收敛速度以 $\sqrt{N}$ 的速度变慢,上述数据基本上验证了这一点,并与第 6 章的结论一致。

8.2.3 高阶像差的模式优化和驱动器电压优化比较

8.2.2 节使用 32 单元和 61 单元变形镜分别优化 Zernike 系数和驱动器电压,得到了优化 Zernike 系数时的收敛速度和校正能力都优于优化驱动器电压的结论,杨平等使用遗传算法优化 Zernike 系数也得到了类似的结论[7]。但是 8.2.2 节中的波前畸变仅含有前 10 阶像差,这些像差既在 61 单元变形镜又在 32 单元变形镜的校正能力范围之内。而实际应用中,往往不知道所要校正的对象中是否仅含有这几阶像差,因此模式阶数的选取是一件比较困难的事情,阶数太少,收敛速度快,但校正能力不够;阶数太多,失去了模式校正减少控制参数个数的意义。尽管从统计意义上来说,3~10 阶像差占去了除整体倾斜后的 70%,但若要提高整个系统的分辨能力,仅进行前 10 阶模式校正是不够的。

从另外一个角度来说,当自适应光学系统被用于中等或强湍流情况下的校正时,由 $N=(D/r_0)^2$ 可知对于 10cm 的相干长度和口径 1m 的望远镜,要求单元数在 100 左右,当望远镜口径增加到几米时,需要的单元数水平迅速增加到几千。因此,仅仅进行低价模式校正将会极大地降低波前校正器本身的分辨率。

本节采用 Roddier 提出的方法[8]生成一帧由前 65 阶像差组成的波前畸变,波前像差的统计属性符合 Kolmogorov 谱。尝试只进行前 10 阶或前 20 阶校正以观察系统的校正能力,由于包含了较多的高阶像差,本节仅就 61 单元变形镜进行仿真。初始波前畸变所包含各阶像差的分量如图 8-5 所示,前 20 阶分量占主要部分。

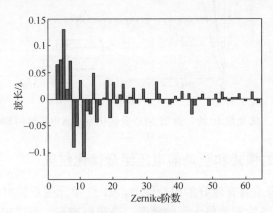

图 8-5　初始波前畸变中各阶分量

图 8-6 给出了三维波面和相对应的远场光斑,初始 SR 为 0.02。

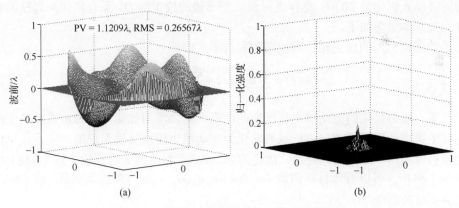

图 8-6　(a)原始畸变波前和(b)对应的远场光斑

图 8-7 给出了只进行前 10 阶、前 20 阶模式校正以及优化驱动器电压时的 SR 变化曲线。从图 8-7 可以看出,如果只进行前 10 阶模式优化,曲线迅速收敛,轴上光强从 0.02 增至 0.356;只进行前 20 阶模式优化时,曲线的收敛速度稍慢,但轴上光强从 0.02 迅速增至 0.8。优化驱动器电压时,上升速度最慢,但 1000 次迭代结束时,SR 增至 0.958。可见对于含有高阶像差的波前畸变,如果只进行低阶模式校正,可使收敛速度加快,但是降低了整个系统的校正能力。

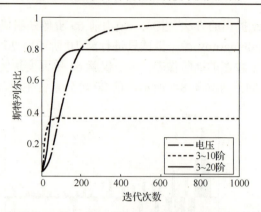

图 8-7 优化前 10 阶、前 20 阶以及优化驱动器电压时的 SR 曲线

8.2.4 高阶像差的模式和驱动器电压组合优化结果

变形镜对低阶像差具有较好的拟合能力，如 32 单元变形镜对前 15 阶，61 单元变形镜对前 27 阶等，当然随着单元数的增多，分辨率增高，可以拟合的阶数逐步增大。以仿真中所使用的 61 单元变形镜为例，针对前 20 阶拟合效率较高和所要校正的像差前 20 阶占主要部分的事实，提出模式优化和驱动器优化相结合的方法，优化驱动器电压的同时模式优化前 20 阶，这样既可保证变形镜的校正能力，又有望提高算法的收敛速度。其基本思想如下。

把变形镜引入的校正相位写成两项和的形式，即

$$m(r) = \sum_{j=1}^{N} u_j V_j(r) + \sum_{i=3}^{M} \alpha_i Z_i(r) \qquad (8\text{-}28)$$

式中，第一项为优化的驱动器电压产生的面形，第二项为优化 Zernike 系数产生的面形，其中第二项通过把 Zernike 系数转化为驱动器电压来实现面形的产生，这里仍然假定倾斜像差由单独的回路控制，优化的 Zernike 阶数从第 3 阶开始。式（8-28）中的变量 $\{u_j\}$ 和 $\{\alpha_k\}$ 可以看作目标函数 $J = J(u_1,\cdots,u_N,\alpha_1,\cdots,\alpha_M)$ 的控制参数。式（8-1）的迭代公式可改写成

$$u_j^{(k+1)} = u_j^{(k)} + \mu \delta J \delta u_j, \quad j = 1,\cdots,N \qquad (8\text{-}29a)$$

$$\alpha_i^{(k+1)} = \alpha_i^{(k)} + \mu \delta J \delta \alpha_i, \quad i = 3,\cdots,M \qquad (8\text{-}29b)$$

实际系统内控制单元的数目仍然为驱动器个数 N，但是现在每一个单元既参与了局部波面形控制（通过变量 $\{u_j\}$），又参与了全局波前控制（通过变量 $\{\alpha_k\}$）。

图 8-8 给出了采用该方法后的 SR 变化曲线，为便于对比，同时给出了只优化驱动器电压的 SR 曲线。其中实线为改进后的 SR 曲线，虚线为只优化驱动器电压。改进后的 SPGD 算法 SR 到达 0.8 时约需 120 次迭代，只优化驱动器电压时约需

190次迭代，这说明达到同样的校正效果，改进后的 SPGD 只需 0.6 倍优化驱动器电压所需时间。从图 8-8 中的曲线可以看出收敛速度明显加快，1000 次迭代后校正效果（SR=0.974）稍好于只优化驱动器电压（SR=0.958），这个结论验证了改进的合理性。

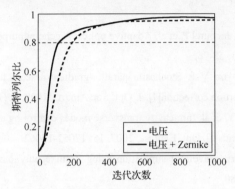

图 8-8　改进后的 SPGD 算法 SR 曲线与优化驱动器电压 SR 曲线对比

8.3　本章小结

本章以 SPGD 控制算法在自适应光学系统中的具体实现为基础，分析了提高算法收敛速度、简化控制系统结构的可能途径，推导了 Zernike 多项式和校正器影响函数之间的关系，分别提出了适合低阶像差和高阶像差校正时，改进收敛速度的方法，并给出了仿真结果。

当然本章所提出的改进思想并不仅限于仿真中所使用的自适应光学系统。实际应用中，可以根据具体变形镜的单元数及其校正能力和要校正的对象改变需要优化的 Zernike 阶数。如果只含有低阶畸变，类似图 8-3 中的畸变，当使用少单元数的变形镜时，如 19 单元或 32 单元变形镜，只优化 Zernike 系数收敛速度就会大幅度提高，而不必担心会影响变形镜的分辨率。但是当含有高阶分量较多时，则必须使用单元数目较多的变形镜，甚至是成百上千个。优化驱动器电压时，SPGD 控制算法的收敛速度随着单元数的增多，以 $\sqrt{N}$ 的速度增加，此时考虑使用改进后的 SPGD 控制算法有望改进系统的收敛速度。

参 考 文 献

[1] 杨慧珍, 陈波, 李新阳, 等. 自适应光学系统随机并行梯度下降控制算法实验研究[J]. 光学学报, 2008, 28(2): 205-210.

[2] Vorontsov M A, Carhart G W. Adaptive optics based on analog parallel stochastic optimization: analysis and experimental demonstration[J]. J. Opt. Soc. Am. A., 2000, 17(8): 1440-1453.

[3] Masino A J, Link D J. Adaptive optics without a wavefront sensor[C]. Proc. SPIE, 2005: 58950T-1-58950T-9.

[4] 张金宝, 陈波, 李新阳. 基于 FPGA 的多路伪随机序列的生成方法及其应用[J]. 微计算机信息, 2009, 25(10): 153-155.

[5] Roland J J, Gaffard J P, Jagourel P, et al. Adaptive optics: A general purpose system for astronomy[C]. Proc. SPIE, 1994, 2201: 58-76.

[6] Vorontsov M A, Sivokon V P. Stochastic parallel-gradient-descent technique for high-resolution wave-front phase-distortion correction[J]. J. Opt. Soc.Am. A., 1998, 15(10): 2745-2758.

[7] Yang P, Ao M W, Liu Y, et al. Intracavity transverse modes control by an genetic algorithm based on Zernike mode coefficients[J]. Opt. Express, 2007, 15: 17051-17062.

[8] Roddier N. Atmospheric wavefront simulation using Zernike polynomials[J]. Optical Engineering, 1990, 29(10): 1174-1180.

第 9 章 SPGD 算法中随机扰动信号的统计优化

SPGD 控制算法通过施加正、负随机扰动信号来估计目标函数的梯度信息,然后沿着优化目标函数的方向更新控制信号。随机扰动信号的特性会影响目标函数梯度信息的估计,进而影响算法的收敛速度。本章通过与基于波前探测的自适应光学对比,揭示了随机扰动影响 SPGD 算法收敛速度的根本原因。在此基础上,提出利用待校波前畸变统计特性优化随机扰动信号的方法[1],并进行了仿真和实验研究。

9.1 随机扰动信号对 SPGD 算法收敛速度的影响

基于 SPGD 算法的自适应光学系统模型如图 9-1 所示。第 $k+1$ 次闭环校正时,首先产生服从伯努利分布的随机扰动信号 $\delta u^{(k+1)}$;然后向波前校正器并行施加信号 $u^{(k)}+\delta u^{(k+1)}$,根据远场光强计算系统目标函数 $J(u^+)$;接着向波前校正器并行施加信号 $u^{(k)}-\delta u^{(k+1)}$,计算系统目标函数 $J(u^-)$;最后按照

$$u^{(m+1)} = u^{(m)} + k[J(u^+) - J(u^-)]\delta u^{(m+1)} \qquad (9\text{-}1)$$

更新控制信号。

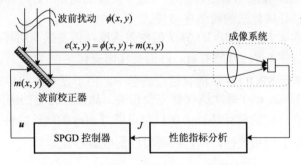

图 9-1 基于 SPGD 算法的自适应光学模型

传统的基于波前探测的自适应光学闭环模型如图 9-2 所示,第 $k+1$ 次闭环校正时,波前探测器测量波前残差 $e(x,y)$;然后由波前控制器计算出相应的残差信号 $e^{(k+1)}$;然后按照

$$u^{(k+1)} = u^{(k)} + ke^{(k+1)} \qquad (9\text{-}2)$$

更新校正信号。

对比式(9-1)和式(9-2)可以发现,二者的本质区别在于:基于波前探测的控制

信号是通过残差信号 $e^{(k+1)}$ 更新的，而 SPGD 算法是通过随机扰动 $[J(u^+)-J(u^-)]\delta u^{(k+1)}$ 进行更新的，其中 $[J(u^+)-J(u^-)]$ 是一个常数，保证了目标函数向期望的方向优化。

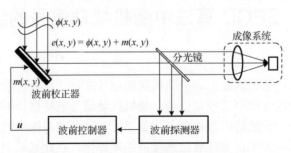

图 9-2　基于波前探测的自适应光学系统

对于基于波前探测的自适应光学来说，如果不考虑波前探测器的探测误差和波前校正器的校正误差，每次迭代中，由残差信号 $e^{(k+1)}$ 产生的相位 $\delta m(x,y)$ 应当能够完全补偿近场波前残差 $e(x,y)$，即

$$\delta m(x,y)+e(x,y)=0 \tag{9-3}$$

也可以说 $\delta m(x,y)$ 与 $e(x,y)$ 完全相关，因此系统的校正效率高。

而对基于 SPGD 算法的无波前探测自适应光学系统来说，由随机扰动电压 $[J(u^+)-J(u^-)]\delta u^{(k+1)}$ 计算得到的随机波前扰动 $\delta m(x,y)$ 与近场波前残差 $e(x,y)$ 不能满足式（9-3）的关系，即 $\delta m(x,y)$ 与 $e(x,y)$ 的相关性较差，因此导致系统校正效率较低。

根据上面的分析可以得到以下结论。

（1）基于 SPGD 算法的自适应光学，由于波前扰动 $\delta m(x,y)$ 和波前残差 $e(x,y)$ 的相关性较差，所以导致算法的收敛速度慢。

（2）想要从本质上提高 SPGD 算法的收敛速度，需要提高闭环校正中 $\delta m(x,y)$ 和 $e(x,y)$ 的相关性，使 $\delta m(x,y)$ 随着 $e(x,y)$ 的变化而变化。

事实上，在基于 SPGD 算法的自适应光学中，由于没有波前传感器，所以无法使波前扰动 $\delta m(x,y)$ 和 $e(x,y)$ 每次迭代都完全相关。然而在特定的应用场合，入射波前畸变 $\phi(r)$ 通常具有一定的统计特性，所以可以通过 $\phi(r)$ 的统计特性来优化 $\delta m(x,y)$，提高二者统计意义上的相关性，由此改善算法的收敛特性。

9.2　基于 Zernike 模式的随机扰动信号优化

9.2.1　$\delta m(x,y)$ 和 $\phi(x,y)$ 的统计相关性

随机波前扰动 $\delta m(x,y)$ 可以用在单位圆上正交的 Zernike 模式展开，如式（9-4）所示，其中 a_0 表示波前整体平移项，a_k 是第 k 项 Zernike 模式系数，p 是采用的模式总数，$Z_k(x,y)$ 是第 k 项 Zernike 模式表达式，即

$$\delta m(x,y) = a_0 + \sum_{k=1}^{p} a_k Z_k(x,y) \tag{9-4}$$

同样，待校波前畸变 $\phi(x,y)$ 也可以用 Zernike 模式展开，其中 b 为对应的 Zernike 系数。结合 Zernike 模式在单位圆上正交的性质，$\delta m(x,y)$ 和 $\phi(x,y)$ 的相关系数 η 可表示为

$$\eta = \frac{1}{D} \int \delta m(r) \phi(r) \mathrm{d}^2 r = \sum_{k=1}^{p} a_k b_k \tag{9-5}$$

式中，D 表示通光口径。

由式（9-5）可知，$\delta m(x,y)$ 和 $\phi(x,y)$ 的相关系数可以用它们对应的 Zernike 系数 a 和 b 计算出来。通常情况下，波前畸变 $\phi(x,y)$ 在实时变化，因此对应的 Zernike 系数 b 也在变化。但针对一定的应用场合，如大气湍流引起的波前畸变，系数 b 中各分量具有一定的统计特性，即所占的比例不变。因此，利用 b 中各阶模式所占的比例进行分析较为合理。

用 $|b|$ 表示波前畸变 $\phi(r)$ 中各阶模式的幅度，定义 $|b|$ 的统计均值为 $E(|b|)$，定义各阶 Zernike 模式所占的比例为 $p(E(|\cdot|))$。以第 j 阶 Zernike 模式为例，$p(E(|b_j|))$ 为

$$p(E(|b_j|)) = \frac{E(|b_j|)}{\sum_{i=1}^{p} E(|b_j|)} \tag{9-6}$$

同样，由随机扰动信号电压引起的 $\delta m(x,y)$ 也在实时变化，但是对应的各阶 Zernike 系数 a_j 所占的比例相对固定。因此利用 $p(E(|a_j|))$ 进行分析较为合理，$p(E(|a_j|))$ 可以参考式（9-6）计算得到。

至此，可以利用 $p(E(|a|))$ 和 $p(E(|b|))$ 的相关性来衡量 $\delta m(x,y)$ 和 $\phi(x,y)$ 的相关性，即

$$\eta_E = \frac{\sum_{j=i}^{p} \left[p(E(|b_j|)) p(E(|a_j|)) \right]}{\sqrt{\sum_{j=1}^{p} \left[p(E(|b_j|)) \right]^2} \sqrt{\sum_{j=3}^{p} \left[p(E(|a_j|)) \right]^2}} \tag{9-7}$$

式中，η_E 越大表示 $\phi(r)$ 与 $\delta m(r)$ 相关性越好，当二者完全相同或互补时，η_E 最大为 1。

9.2.2 Zernike 模式法优化随机扰动电压

以常用的压电变形镜为例，由随机扰动电压引起的波前扰动 $\delta m(x,y)$ 可以描述为

$$\delta m(x,y) = \sum_{j=1}^{N} \delta u_j V_j(x,y) \tag{9-8}$$

式中，δu_j 表示变形镜第 j 个驱动器上的扰动电压；$V_j(x,y)$ 是第 j 个驱动器的影响函数；N 为变形镜的单元数。

根据式（9-4）和式（9-8），随机扰动电压 δu_j 和 Zernike 系数 a_k 可以建立如式（9-9）所示的矩阵关系，即

$$\delta u = Ua \tag{9-9}$$

式中，δu 为随机扰动电压；U 是一个表示变形镜影响函数和 Zernike 模式的矩阵，可以事先计算得到；a 为波前扰动 $\delta m(x, y)$ 对应的 Zernike 系数向量。

针对一定的应用场合，波前畸变 $\phi(r)$ 通常具有一定的统计特性。例如，在人眼像差中，统计研究表明，离焦像差占 80%，像散合计占 12.7%，彗差合计占 4.3%，球差占 1.6%，即以低阶为主，同时含有少量高阶[2]。同样，研究表明大气湍流波前畸变的 Zernike 系数也具有一定的统计规律[3,4]。因此，可以根据波前畸变 $\phi(r)$ 的统计特性来优化 SPGD 算法的随机扰动电压 δu，由此提高随机波前扰动 $\delta m(x, y)$ 与入射波前畸变 $\phi(x, y)$ 的统计相关系数，具体步骤如下。

（1）通过各种测量方法或经验知识分析入射波前畸变 $\phi(x, y)$ 的统计特性，即 Zernike 系数 b 中各分量所占的比例 $p(E(|b|))$。

（2）每次闭环迭代中，随机产生波前扰动 $\delta m(x, y)$ 对应的 Zernike 系数 a，其中 $a_j = \pm p(E(|b_j|))$，取正或负的概率均为 0.5。

（3）利用式（9-9）计算出随机扰动电压。

需要说明的是，由于 $\phi(x, y)$ 在实时变化，对应的 Zernike 系数有正、负两种情况，所以这里 a_j 取正、负的概率均为 0.5。利用 Zernike 模式法优化随机扰动电压 δu 的闭环流程图如图 9-3(a)所示，图 9-3(b)为常规的 SPGD 闭环流程。

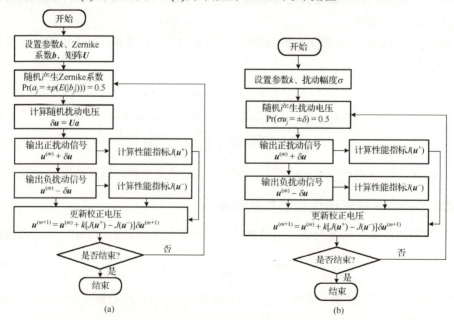

图 9-3 (a) Zernike 模式法优化 δu 的 SPGD 闭环流程和(b) 常规 SPGD 闭环流程

对比图 9-3(a)和图 9-3(b)可以看出，利用 Zernike 模式优化法产生的随机扰动电压 δu 包含了入射波前畸变的统计信息，因此在统计意义上可以提高 $\delta m(x,y)$ 和 $\phi(x,y)$ 的相关性。

9.3 Zernike 模式优化随机扰动电压闭环仿真

9.3.1 闭环仿真模型

闭环仿真模型如图 9-1 所示。波前校正器采用第 6 章图 6-2 所示的 61 单元压电变形镜，仿真中驱动器的影响函数采用第 3 章中式 (3-5) 的高斯函数，其中选取交连值为 0.08，高斯指数为 2。对校正过程中的残余波前（归一化单位圆域内的采样点数为 64×64）补零至 192×192 后进行快速傅里叶变换，然后截取中间 96×96 得到成像系统的远场光强分布，最后将远场光强除以理想平面波前对应光强的峰值，将其归一化到 0~1。采用平均半径作为系统的目标函数，分别采用如图 9-3 所示的两种 SPGD 算法进行优化。

9.3.2 单阶 Zernike 像差的校正

产生 RMS 等于 0.5 个波长的离焦作为入射波前像差，然后分别利用图 9-3(a)（记为"优化后"）和图 9-3(b)（记为"优化前"）的 SPGD 算法进行闭环校正，在参数 γ 相同的情况下得到的目标函数和远场峰值 SR 迭代曲线如图 9-4 所示。

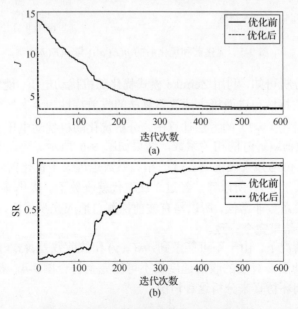

图 9-4 目标函数和远场峰值 SR 迭代曲线

从图 9-4 可以看出，利用 Zernike 模式优化随机扰动电压后，目标函数经过 2~3 次迭代后收敛，600 次校正后远场峰值 SR 为 0.9587；当随机扰动电压服从伯努利分布时（优化前的 SPGD 算法），目标函数经过 300 次迭代开始收敛；600 次闭环校正后远场 SR 收敛于 0.9325。与优化随机扰动电压之前相比，优化后 SPGD 算法的收敛速度提高了近 100 倍，而且校正效果略好，即算法的收敛特性得到显著改善。下面从 $\delta m(x,y)$ 和 $\phi(x,y)$ 的相关性进行分析。

根据 9.2.1 节的分析方法，计算得到优化前和优化后的 $p(E(|a|))$ 与 $p(E(|b|))$ 分别如图 9-5 所示。从图 9-5(a)可以看出，优化前波前扰动 $\delta m(x,y)$ 中各阶 Zernike 模式所占比例非常接近，其中离焦比例为 0.041，根据式（9-7）计算得到优化前 $p(E(|a|))$ 和 $p(E(|b|))$ 的相关系数 η_E 为 0.0406，从图 9-5(b)可以看出，优化扰动电压后，$\delta m(x,y)$ 和 $\phi(x,y)$ 中各阶 Zernike 模式所占比例非常接近，根据式（9-7）计算得到优化后的 η_E 等于 0.9586。与优化前相比 $\delta m(x,y)$ 和 $\phi(x,y)$ 的相关系数提高了近 24 倍。

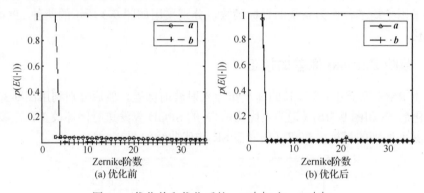

图 9-5　优化前和优化后的 $p(E(|a|))$ 与 $p(E(|b|))$

根据上面的分析可知，利用 Zernike 模式优化随机扰动电压，能够提高 $\delta m(x,y)$ 和 $\phi(x,y)$ 的统计相关特性，进而极大地改善算法的收敛特性。

进一步，采用式（9-7）的方法计算出，分析优化随机扰动电压前后，每次迭代中 $\delta m(x,y)$ 与残余波前 $e(x,y)$ 的相关系数，结果如图 9-6 所示。可以看出，优化随机扰动电压后，$\delta m(x,y)$ 与残余波前 $e(x,y)$ 的相关系数也远大于优化前，尤其是前两次迭代，相关系数均大于 0.9，所以算法经过 3 次迭代就收敛了。优化前，$\delta m(x,y)$ 与残余波前 $e(x,y)$ 的相关系数非常低，所以与有波前探测自适应光学相比，收敛速度非常慢。这与 9.1 节的分析结果完全一致。

但是在实际情况下，由于不可能做到 $\delta m(x,y)$ 和波前残差 $e(x,y)$ 完全相关。因此，即使优化随机扰动后，算法的收敛速度仍不可能完全符合图 9-4。接下来，将通过对大气湍流像差的闭环仿真来分析这种情况。

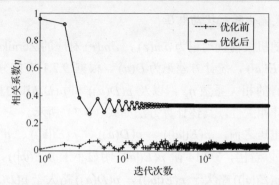

图 9-6　优化前后每次迭代中 $\delta m(x,y)$ 与残余波前 $e(x,y)$ 的相关系数

9.3.3　大气湍流波前畸变校正

1. 大气湍流波前畸变 $\phi(r)$ 的统计特性

采用 Roddier 提出的方法[2]，令 $D/r_0=10$，不考虑波前平移和倾斜，利用 3～104 阶 Zernike 多项式随机产生 100 帧入射波前相位畸变 $\phi(r)$。与前面的名称一致，$\phi(r)$ 对应的 Zernike 多项式系数记为 b。

利用 $|b|$ 衡量波前畸变 $\phi(r)$ 中各阶 Zernike 模式的绝对大小，定义 $|b|$ 的统计均值为 $E(|b|)$。图 9-7 为入射波前相位畸变的统计均值 $E(|b|)$，可以看出，Zernike 模式阶数越高，绝对值越小。$\phi(r)$ 对应的 Zernike 向量 b 的方差记为 $D(b)$，根据文献[2]和文献[3]，在 Kolmogorov 湍流下，第 j 阶 Zernike 系数的方差为

$$\langle b_j^2 \rangle = \frac{2.246(n+1)\Gamma(n-5/6)}{[\Gamma(17/6)]^2\Gamma(n+23/6)}(D/r_0)^{5/3} \tag{9-10}$$

式中，n 为 Zernike 多项式在极坐标下的径向频率数；$\Gamma(\cdot)$ 为伽马函数。图 9-8 为仿真产生的 100 帧波前相位畸变的统计方差 $D(b)$ 和根据式（9-10）计算得到的数值的对比，可以看出仿真产生的相位畸变 $\phi(r)$ 的统计方差与理论值基本符合，说明仿真产生的 Kolmogorov 湍流像差是比较合理的。

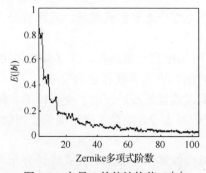

图 9-7　向量 b 的统计均值 $E(|b|)$

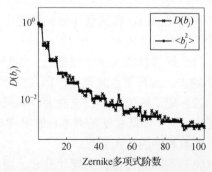

图 9-8　向量 b 的统计方差 $D(b)$ 和理论值对比

2. Zernike 模式优化随机扰动电压

与前面一致，随机波前扰动记为 $\delta m(r)$，$\delta m(r)$ 对应的 Zernike 模式系数记为 a，$|a|$ 的统计均值记为 $E(|a|)$，统计方差记为 $D(a)$。根据 9.2.1 节的分析结果，可以利用 $p(E(|a|))$ 和 $p(E(|b|))$ 的相关系数 η_E，以及 $p(D(a))$ 和 $p(D(b))$ 的相关系数 η_D 来分析 $\phi(r)$ 与 $\delta m(r)$ 的统计相关性，具体计算方法如式（9-7）所示。

优化随机扰动电压之前，$p(E(|a|))$、$p(D(a))$、$p(E(|b|))$、$p(D(b))$ 分别如图 9-9 和图 9-10 所示。可以看出，3～14 阶 $p(E(|a|))$ 明显小于 $p(E(|b|))$，$p(D(a))$ 明显小于 $p(D(b))$；14 阶后 $p(E(|a|))$ 略大于 $p(E(|b|))$，$p(D(a))$ 略大于 $p(D(b))$。计算得到相关系数 $\eta_E = 0.57$，$\eta_D = 0.6037$。根据图 9-9，要想提高 $\phi(r)$ 与 $\delta m(r)$ 的统计相关性，即增大 η_E 和 η_D，应当提高波前扰动 $\delta m(r)$ 中低阶所占的比例。

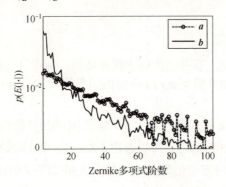

图 9-9 优化前 $p(E(|a|))$ 和 $p(E(|b|))$

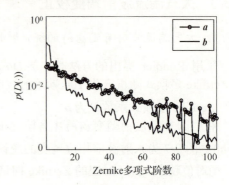

图 9-10 优化前 $p(D(a))$ 和 $p(D(b))$

为此，提出一种提高 $\delta m(r)$ 中低阶比例的方法：令 $|a_j|$ 为

$$a_j = \pm \sigma \times j^{-\varsigma} \tag{9-11}$$

式中，"±"为正或负的概率均为 0.5；σ 和 ς 为大于 0 的数。可以看出 ς 越大，$\delta m(r)$ 中低阶 Zernike 模式所占的比例越大，因此可以通过选择合适的 ς 来提高 $\phi(r)$ 与 $\delta m(r)$ 的统计相关性。

利用 Zernike 模式优化随机扰动电压时，首先需要选择模式数量。通常情况下需要考虑三方面的因素。

（1）运算量的大小。根据式（9-9）可知，所用模式数量越多，式（9-9）中的矩阵 U 越大，运算量也就越大，因此会增加运算时间，进而降低算法的效率。

（2）变形镜的实际校正能力。如果选择的模式数量过多，超出了变形镜的实际校正能力，则会降低算法的效率；如果选择的模式数量太少，浪费了变形镜的校正能力，则会影响最终的校正效果。

（3）实际波前像差的统计分布。应当根据待校像差的 Zernike 模式统计分布，合理选择需要的 Zernike 模式。

本仿真中先不考虑运算量的大小，主要以第二点和第三点来选择优化随机扰动电压所需的 Zernike 模式数量。在此，以 61 单元变形镜对 RMS 为 1rad 的单阶 Zernike 相差的校正能力为依据来选取合适的模式数量，不考虑波前平移和倾斜。图 9-11 为校正后的残余波前 RMS。可以看出，Zernike 模式阶数越高，变形镜的校正能力越差。同时，考虑到实际大气扰动中低阶相差占绝大多数（图 9-7），在此选取 3～35 阶 Zernike 模式。

选择好 Zernike 模式后，接下来就应该选择式（9-11）中的系数 ς。当 ς 分别等于 0、0.2、0.5、0.75 和 1 时，计算得到相关系数 η_E 和 η_D，如图 9-12 所示。可以看出当 $\varsigma = 0.5$ 时，相关系数 η_E 和 η_D 最大，分别为 0.9747 和 0.9423，对应的 $p(E(a))$ 和 $p(D(a))$ 分别如图 9-13 和图 9-14 所示。

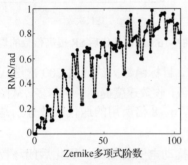

图 9-11 残余波前的 RMS

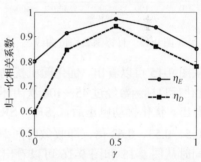

图 9-12 ς 分别为 0、0.2、0.5、0.75 和 1 时的 η_E 和 η_D

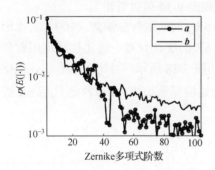

图 9-13 优化后 $p(E(|a|))$ 和 $p(E(|b|))$ 对比

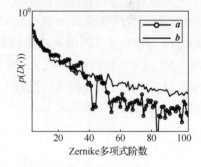

图 9-14 优化后 $p(D(a))$ 和 $p(D(b))$ 对比

与图 9-9 和图 9-10 对比可以看出，优化扰动电压后，$p(E(a))$ 和 $p(D(a))$ 在 3～35 阶的数值明显提高，与 $p(E(b))$ 和 $p(D(b))$ 较为一致；35 阶以后 $p(E(a))$ 和 $p(D(a))$ 略低于 $p(E(b))$ 和 $p(D(b))$。与优化之前相比，η_E 和 η_D 分别提高了 42% 和 36%，因此 $\delta m(r)$ 和 $\phi(r)$ 的相关性得到明显改善。

3. 闭环校正结果

对 100 组入射畸变波前，分别利用图 9-3(a)和图 9-3(b)所示的 SPGD 算法进行闭环校正,记为优化后和优化前,得到的目标函数曲线如图 9-15 所示。畸变波前经 k 次迭代后远场峰值斯特列尔比提高倍数的均值 $\langle SR_m / SR_0 \rangle$ 如图 9-16 所示,其中畸变波前经 m 次闭环校正后的 SR 记为 SR_m, SR_0 表示校正前的数值。

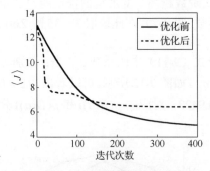

图 9-15 目标函数均值曲线

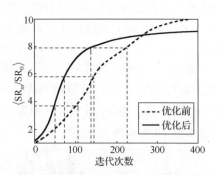

图 9-16 m 次迭代后 SR 提高倍数的均值

从图 9-15 可以看出,优化随机扰动电压之前,目标函数大约经过 200 次迭代后收敛;优化后目标函数经过 45～100 次闭环迭代后收敛,收敛速度提高了一倍多。从图 9-16 可以看出,优化扰动电压后,$\langle SR_m / SR_0 \rangle$ 提高 4、6、8 倍所用的迭代次数分别是优化前的 0.5、0.53、0.63 倍,即收敛时间缩短近 1 倍。

同时从图 9-15 和图 9-16 可以看出,与优化扰动电压前相比,优化后闭环校正效果差一些。这是因为,这里只用了前 3～35 阶 Zernike 像差优化随机扰动电压,即降低了变形镜对高阶像差的校正能力(从图 9-13 和图 9-14 可以看出)。

100 帧相位畸变经过 m 次迭代后,SR 等于 SR_m 的帧数与总帧数(100)之比记为 $p(SR_m)$。$p(SR_m)$ 反映出 m 次迭代后远场峰值 SR 的统计分布。优化扰动电压前和优化后,SR_m 的统计分布 $p(SR_m)$ 分别如图 9-17 和图 9-18 所示。对比可以看出,优化扰动电压以后,在前 100 次迭代过程中 SR 提高的速度显著加快;400 次迭代后 SR 提高的倍数(校正精度)有所降低。

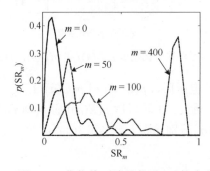

图 9-17 优化前 m 次迭代后 SR 的分布

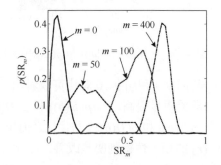

图 9-18 优化后 m 次迭代后 SR 的分布

以上闭环结果进一步说明,SPGD 算法的收敛特性与随机扰动电压有很大的关系。

由扰动电压引起的波前扰动和波前畸变相关性越好，算法的收敛速度越快。因此根据波前畸变的统计特性，选择合适数量的 Zernike 模式优化随机扰动电压，可以有效地改善算法的收敛速度。尽管该优化方法会受到所选模式数量限制，适度地影响系统的校正精度，但是对于实时波前校正来说有很大的意义。

9.4 波前校正器的合理选择

基于 SPGD 算法的自适应光学，由随机扰动信号引起的波前扰动特性会影响 SPGD 算法的收敛速度和校正精度，波前扰动和波前畸变的统计相关性越好，算法的收敛速度越快。对于不同的单元数或不同类型的波前校正器，对其施加服从伯努利分布的随机扰动信号时，波前扰动中各阶 Zernike 模式所占的比例不同。

以 19 单元、32 单元、61 单元压电式连续表面分立驱动变形镜为例，当服从伯努利分布的随机扰动电压幅度为 0.2V 时，波前扰动中的各阶 Zernike 模式的比例如图 9-19 所示。可以看出，19 单元变形镜对应的波前扰动中，低阶 Zernike 像差所占的比例明显高于高阶像差所占的比例；32 单元变形镜对应的波前扰动中，低阶所占的比例有所降低，高阶所占的比例增加；61 单元变形镜对应的波前扰动中，低阶所占的比例进一步降低，和高阶所占的比例几乎相等。

因此，在实际应用中应该结合待校像差的统计特性，合理选择波前校正器，兼顾收敛速度和校正精度。例如，校正以低阶模式为主的波前畸变时，选择单元数较低的变形镜更加合适。

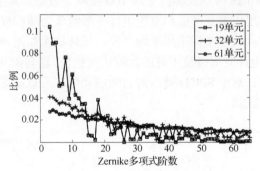

图 9-19 19 单元、32 单元和 61 单元变形镜对应的 $\delta m(x,y)$ 中的 Zernike 模式分量比例

接下来通过对比 19 单元压电连续表面分立驱动变形镜和 20 单元双压电片变形镜进行分析。双压电片变形镜由中国科学院光电技术研究所自行研制[5]，有效通光口径为 24mm，实物图和驱动器排布如图 9-20 所示。利用干涉仪测量双压电片变形镜的影响函数，然后计算波前扰动 $\delta m(x,y)$ 中的各阶 Zernike 像差的比例，结果如图 9-21 所示。可以看出，与 19 单元压电连续表面分立驱动变形镜相比，双压电片变形镜 $\delta m(x,y)$ 中的离焦分量非常高，4~14 阶略低，15 阶以后基本相同。

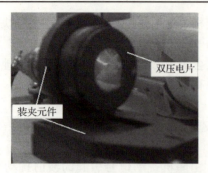
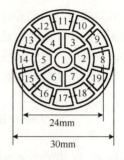

图 9-20　20 单元双压电片变形镜实物图和驱动器排布图

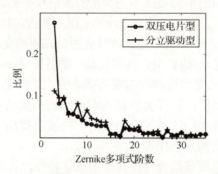

图 9-21　两种变形镜的 $\delta m(x,y)$ 中 Zernike 模式分量比例

利用前 35 阶 Zernike 多项式随机生成 100 帧畸变波前,其中前 15 阶分量所占比例较高,然后分别利用压电变形镜和双压电片变形镜作为波前校正器,利用 SPGD 算法进行闭环迭代校正,性能指标采用平均半径。闭环结果如图 9-22 所示,从图 9-22 可以看出,利用双压电片变形镜校正时的收敛速度更快,这与图 9-21 的结果基本一致。这一结果进一步说明,对于 SPGD 算法的自适应光学,应该根据待校波前畸变的先验知识合理选择波前校正器。

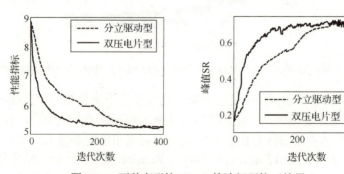

图 9-22　两种变形镜 SPGD 算法闭环校正结果

9.5 本章小结

本章通过与基于波前探测的自适应光学对比，揭示了随机扰动影响 SPGD 算法收敛速度的根本原因。在此基础上，提出优化随机扰动电压的方法，并进行了仿真实验研究。仿真结果表明，SPGD 算法的收敛特性与扰动电压有很大的关系；利用 Zernike 模式优化随机扰动电压，可以提高随机波前扰动与畸变波前的统计相关性，进而提高算法的收敛速度。

同时，对于不同的单元数或不同类型的波前校正器，对其施加服从伯努利分布的随机扰动信号时，波前扰动中各阶 Zernike 模式所占的比例不同。因此，在实际应用中应该结合待校像差的统计特性，合理选择波前校正器。

参 考 文 献

[1] 陈波, 李新阳, 姜文汉. 大气湍流自适应光学随机并行梯度下降算法优化研究[J]. 中国激光, 2010, 37(4): 959-964.

[2] Thibos L N, Applegate R A, Schwiegerling J T, et al. Standards for reporting the optical aberrations of eyes[J]. Journal of refractive surgery, 2002, 18(5): 652-660.

[3] Roddier N. Atmospheric wavefront simulation using Zernike polynomials[J]. Optical Engineering, 1990, 29(10): 1174-1180.

[4] Noll R J. Zernike polynomials and atmospheric turbulence[J]. J. Opt. Soc. Am. A., 1976, 66(3): 207-211.

[5] 宁禹. 双压电片变形镜的性能分析与应用研究[D]. 长沙: 国防科学技术大学, 2008: 59-60.

第 10 章 Zernike 模式法实现 DM 和 TM 的解耦控制

自适应光学系统中，通常利用倾斜镜校正波前整体倾斜，利用变形镜校正剩余高阶相位误差。本章介绍基于 SPGD 算法的无波前探测自适应光学系统中的变形镜和倾斜镜的解耦问题。

10.1 耦 合 问 题

在第 9 章的仿真分析中没有考虑波前倾斜，因而没有使用倾斜镜闭环。但是实际应用中，波前倾斜在像差中所占的比例非常高，例如，在大气湍流像差中，整体倾斜占全部光波波前畸变误差的 87% 左右[1,2]。因此在自适应光学系统中，采用动态范围较大的高速倾斜反射镜(TM)校正整体倾斜像差，用动态范围较小的变形反射镜(DM)校正其他高阶像差，倾斜镜和变形镜的控制是解耦的和相互独立的。因此，在基于 SPGD 算法的自适应光学系统中，需要解决倾斜镜和变形镜的解耦控制问题。

第 6 章介绍过一个基于 SPGD 算法的高速自适应光学闭环系统，其中用到了倾斜镜。为了便于描述，将闭环系统重新表述一次，如图 10-1 所示，入射畸变光束经过倾斜镜反射和变形镜反射后进入成像系统聚焦成像；高速处理机读取 CCD 图像信息，分析目标函数，并根据 SPGD 算法计算出变形镜校正信号和倾斜镜校正信号；最后输出校正信号经过高压放大后驱动倾斜镜校正波前整体倾斜像差，驱动变形镜校正其他高阶像差。倾斜镜和变形镜的控制策略如图 10-1 所示。

倾斜镜控制：根据远场图像质心位置，采用比例积分控制计算出倾斜镜的校正信号 $u_x^{(n+1)}$ 和 $u_y^{(n+1)}$，如式（10-1）所示，其中 a_x、a_y、b_x、b_y 为可调参数，L 和 H 表示理想的质心位置，$x_0^{(n)}$ 和 $y_0^{(n)}$ 为当前图像的质心位置，即

$$u_x^{(n+1)} = a_x u_x^{(n)} + b_x (L - x_0^{(n)})$$
$$u_y^{(n+1)} = a_y u_y^{(n)} + b_y (H - y_0^{(n)})$$
（10-1）

变形镜控制：根据远场图像计算出相应的目标函数，然后采用 SPGD 算法计算出变形镜的校正电压信号，如式（9-1）所示。需要说明的是，为了实现倾斜镜和变形镜的解耦控制，即变形镜不校正波前倾斜，通常采用对整体倾斜不敏感的目标函数，如常用的光强平方和函数、平均半径等。

实验结果如图 10-2 和图 10-3 所示。图 10-2 为远场质心位置收敛曲线，图 10-3 为变形镜和倾斜镜一起工作时校正前后的远场光斑。可以看出，系统能够很好地校正波

前整体倾斜和其他高阶像差。但是从图 10-2 的收敛曲线可以看出,在闭环后期,质心的纵坐标出现了较大幅度的抖动,这是由倾斜镜的高频率谐振引起的。

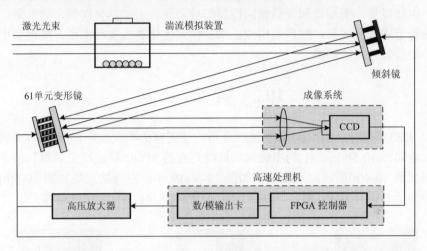

图 10-1　基于 SPGD 算法的倾斜镜和变形镜闭环模型

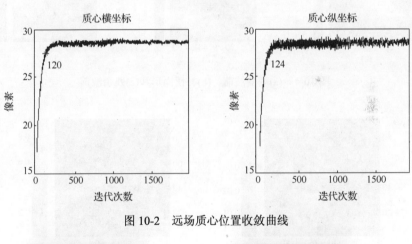

图 10-2　远场质心位置收敛曲线

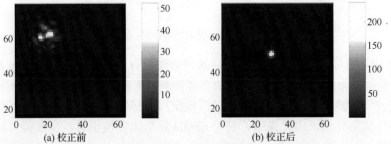

图 10-3　校正前后的远场光斑

实验中发现，如果单独使用倾斜镜闭环，就不会出现谐振现象，但当变形镜与倾斜镜同时闭环时，倾斜镜会出现大幅度的振动，导致光斑质心发生明显振荡，甚至不稳定。由此可见，变形镜和倾斜镜的控制信号之间发生了耦合问题。接下来，将通过仿真分析上述谐振现象，然后利用 Zernike 模式优化随机扰动电压，实现变形镜和倾斜镜控制信号之间的解耦。

10.2 耦合分析

对 9.3.3 节中的一帧闭环数据进行分析。校正前的畸变波前如图 10-4(a)所示，对应的远场如图 10-5(a)所示；利用优化随机扰动前的 SPGD 算法校正后得到的变形镜补偿面形如图 10-4(b)所示；残余波前如图 10-4(c)所示，对应的远场如图 10-5(b)所示，计算得到质心位置为(51, 51)，与理想质心位置(48.5, 48.5)有一定的偏移。

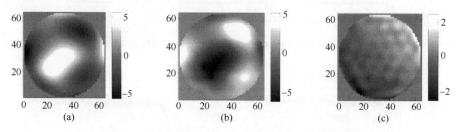

图 10-4　(a)畸变波前、(b)补偿面形和(c)残余波前

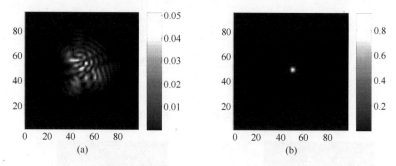

图 10-5　(a)校正前远场和(b)校正后远场

从图 10-4(c)可以明显看出，校正后的残余波前有一个较明显的整体倾斜。分析畸变波前、补偿面形和残余波前中的波前整体倾斜，得到的数据如图 10-6 所示。可以看出，畸变波前的整体倾斜分量非常小，而校正后变形镜补偿面形和残余波前中都有非常大的整体倾斜分量。由此说明，利用 SPGD 算法闭环校正时，变形镜可能会引入波前整体倾斜。

事实上，该波前整体倾斜分量是由 SPGD 算法的随机扰动电压引起的。利用式（9-6）

计算得到：由随机扰动电压引起的随机波前扰动 $\delta m(x,y)$ 中各阶 Zernike 像差所占的比例如图 10-7 所示，可以看出，$\delta m(x,y)$ 中波前整体倾斜（第 1 阶和第 2 阶）分量较大。因此，在 SPGD 闭环过程中，由于不停地给变形镜施加随机扰动电压，由此引入一个高频的波前倾斜分量，使得倾斜镜去补偿该高频倾斜成分，最终引起倾斜镜高频振荡。

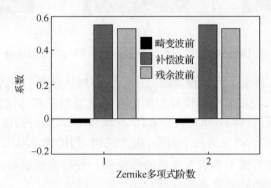

图 10-6　畸变波前、补偿面形和残余波前中的倾斜分量

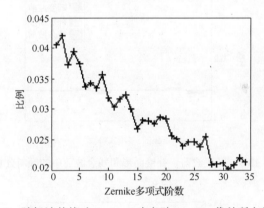

图 10-7　随机波前扰动 $\delta m(x,y)$ 中各阶 Zernike 像差所占的比例

10.3　解耦控制

利用 Zernike 模式优化随机扰动电压，去掉波前扰动 $\delta m(x,y)$ 中的整体倾斜分量，就可以有效地防止倾斜镜的高频振动。

对图 10-4(a)所示的波前畸变，利用 Zernike 模式优化随机扰动电压，然后进行校正，得到的变形镜补偿面形、残余波前和校正后的远场如图 10-8 所示。计算得到远场质心位置为(48.5,48.5)，即光斑没有偏移。

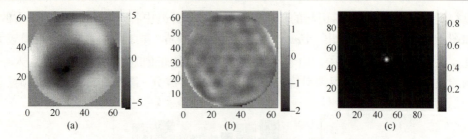

图 10-8　(a)补偿面形、(b)残余波前和(c)校正后远场

分析畸变波前、补偿面形和残余波前中的波前整体倾斜，得到的数据如图 10-9 所示。与图 10-6 相比，校正后变形镜补偿面形和残余波前的整体倾斜分量非常小。优化随机扰动电压后，波前扰动 $\delta m(x,y)$ 中各阶 Zernike 模式所占的比例如图 10-10 所示，可以看出，$\delta m(x,y)$ 中倾斜分量几乎为零。由此说明，利用优化随机扰动电压后的 SPGD 算法闭环校正时，变形镜不会引入波前整体倾斜，使得变形镜和倾斜镜的控制完全解耦，解决了前面提到的倾斜镜谐振问题。

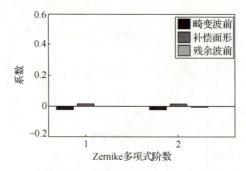

图 10-9　畸变波前、补偿面形和残余波前中的倾斜分量

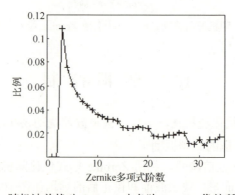

图 10-10　随机波前扰动 $\delta m(x,y)$ 中各阶 Zernike 像差所占的比例

10.4 本章小结

基于 SPGD 算法的自适应光学中，由于变形镜随机扰动中包含倾斜分量，从而导致倾斜镜发生高频振荡。本章在第 9 章的基础上，研究基于 SPGD 算法的无波前探测自适应光学系统中的倾斜镜和变形镜耦合问题，提出通过优化随机扰动电压实现倾斜镜和变形镜解耦控制的方法。通过仿真分析可得到以下结论：利用 Zernike 模式法优化随机扰动电压，可以有效解决该问题，实现变形镜和倾斜镜的解耦控制。

参 考 文 献

[1] Roddier N. Atmospheric wavefront simulation using Zernike polynomials[J]. Optical Engineering, 1990, 29(10): 1174-1180.
[2] Noll R J. Zernike polynomials and atmospheric turbulence[J]. J. Opt. Soc. Am. A., 1976, 66(3): 207-211.

第 11 章　分段随机扰动用于 SPGD 算法优化

当前对 SPGD 算法的研究大致可以分为三方面：①从控制器处理机出发，进行电路优化设计，主要有基于 SPGD 控制算法的单指令流多数据流（single instruction multiple data，SIMD）结构实时并行处理机的研究[1]；②从变形镜单元数[2]或本征模[3]特性出发提高系统收敛速度；③从算法本身的主要影响因素出发，即增益系数[4]和随机扰动幅值[5]。本章介绍基于分段随机扰动幅值的 SPGD 算法[6]。

11.1　分段随机扰动幅值的 SPGD 算法实现

根据文献[4]，当增益系数固定时，目标函数的收敛速度随着随机扰动幅值的变化而变化。校正初期，畸变较大，采用较大的随机扰动幅值实现对畸变波前的快速校正；校正后期，采用较小的随机扰动幅值来获得较高的校正精度。基于这种特征，如果在校正过程中不断地改变随机扰动幅值，则可以获得目标函数较快的收敛速度和较高的校正精度。

以第 2 章 2.1 节中的式（2-2）的斯特列尔比为控制算法的目标函数为例说明。由大量的实验仿真分析可知，D/r_0 分别为 5、10、15 时，迭代 1000、2000、5000 次即可实现目标函数的完全收敛，其中 D 为望远镜有效孔径，r_0 为大气相干长度。假设总的迭代次数为 K，将随机扰动幅值分为 L 段，其中 L 可取 $1/c$ 中的任何整数值，c 为系数 b 的变化间隔，分别取 0.01、0.02、0.05、0.1、0.2，b 为影响系数，即 $b=1-Lc$。算法每迭代 K/L 次，随机扰动幅值即为初始随机扰动幅值与按间隔值递减的系数 b 之积，即

$$A = Db \tag{11-1}$$

式中，A 为随机扰动幅值；D 为初始随机扰动幅值。

根据经验和前人的研究，选取固定增益系数 γ 为 0.85，初始随机扰动幅值为 0.42，初始系数 b 为 1。分段随机扰动幅值的 SPGD 算法实现流程如图 11-1 所示。基于 SPGD 控制算法的无波前探测自适应光学系统仿真模型和工作原理如图 3-1 所示，波前校正器采用第 6 章图 6-2 所示的 61 单元压电变形镜，仿真中驱动器的影响函数采用第 3 章中式（3-5）的高斯函数，其中选取交连值为 0.08，高斯指数为 2。

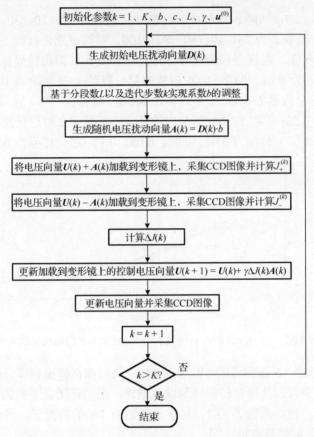

图 11-1 分段随机扰动幅值的 SPGD 算法实现流程图

11.2 结果与分析

实验中利用 Roddier 提出的方法,采用满足 Kolmogorov 谱的前 65 阶 Zernike 多项式模拟 D/r_0 分别为 5、10 和 15 的大气湍流畸变波前[7]。D/r_0 越大,大气湍流畸变越严重。为了能够使仿真数据具有统计特性,分别随机取 D/r_0 不同值时的 20 帧大气湍流畸变波前,采用分段随机扰动幅值的 SPGD 算法校正,并对仿真结果各参数分别取算术统计平均作进一步分析。

11.2.1 弱湍流时畸变波前校正分析

间隔 c 取值越小,所能分段数 L 越多。间隔 c 取 0.2 时,最多的分段数为 5,此时分段数 L 可以取 0~5 的任何整数,本章中对分段数 L 为 2、3、4、5 分别进行了仿真。同理,间隔 c 为 0.1 时,取分段数 L 为 3、5、7、10;间隔 c 为 0.05 时,取分段数 L

为 4、8、12、16、20；间隔 c 为 0.02 时，取分段数 L 为 10、20、30、40、50；间隔 c 为 0.01 时，取分段数 L 为 20、40、60、80、100，对其分别进行校正。为了能够更加直观地查看校正结果，对横坐标分段数 L 进行坐标变化，即将横坐标按比例进行相应的放大和缩小。c 为 0.01、0.02、0.05 时横坐标分段数 L 分别除以 10、5、2；间隔 c 为 0.2 时，横坐标分段数 L 乘以 2。平均初始 SR 值、峰谷值（PV）值、均方根值（RMS）分别为 0.34rad、6.23rad 和 1.07rad。分段数 L 与 SR 达 0.8 时迭代次数关系如图 11-2 所示。在图 11-2 中，c 分别为 0.01、0.02、0.05、0.1、0.2，即系数 b 变化间隔。

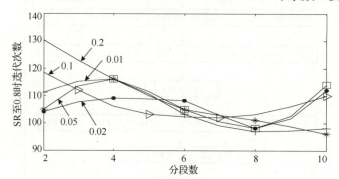

图 11-2　$D/r_0=5$ 时，分段数 L 与 SR 达到 0.8 的迭代次数关系

由图 11-2 可知，5 条曲线的 SR 达 0.8 时，最后都在横坐标即分段数为 8 处所需要的迭代次数最少。因此可以初步得到以下结论：在固定增益系数为 0.85，初始随机扰动幅值为 0.42，初始系数 b 为 1，最多分段数为 $1/c$ 的前提下，最佳分段数 L 取最多分段数的 4/5 处的整数取值，即

$$L = 4/(5c) \tag{11-2}$$

同时，根据图 11-2 中间隔 c 不同的取值可以看出，在最佳分段数 L 处，SR 达 0.8 时所需要的迭代次数基本一致。因此，不需要对间隔 c 进行更小取值，反而会增加算法的复杂性。下面将在固定增益系数为 0.85，初始随机扰动幅值为 0.42，初始系数 b 为 1 的前提下，对间隔 c 为 0.01，最佳分段数 L 为 80 时的分段随机扰动幅值的 SPGD 算法进行详细分析。

采用分段随机扰动幅值的 SPGD 算法与固定最佳随机扰动幅值（取 0.2）时的传统 SPGD 算法校正后的 SR 收敛曲线比较如图 11-3 所示。校正后最终 SR 的收敛值、PV 值、RMS 值和 SR 达 0.8 时的迭代次数见表 11-1。

表 11-1　改进 SPGD 算法校正后相关参数比较

算法	SR	PV/rad	RMS/rad	SR 至 0.8 时迭代次数
改进 SPGD	0.96	3.06	0.33	97
传统 SPGD	0.95	2.98	0.30	157

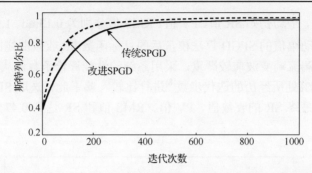

图 11-3　$D/r_0 = 5$ 时，传统 SPGD 与改进 SPGD 的 SR 收敛曲线比较

由图 11-3 和表 11-1 可知，采用分段随机扰动幅值的 SPGD 算法与固定最佳随机扰动幅值的传统 SPGD 算法相比，其 SR 达 0.8 时所需的迭代次数提高了近 1.6 倍。

11.2.2　弱湍流时最佳初始随机扰动幅值选取分析

下面对初始随机扰动幅值的选取进行了初步探索。仿真中分别取初始随机扰动幅值 0.05、0.1、0.3、0.5、1、1.5、2，采用分段随机扰动幅值的 SPGD 算法校正后的目标函数 SR 收敛曲线如图 11-4 所示。

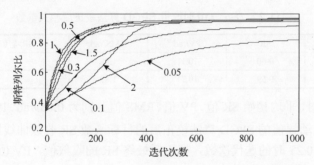

图 11-4　$D/r_0 = 5$ 时，不同随机扰动幅值时的 SR 收敛曲线

由图 11-4 可知，当初始随机扰动幅值小于 0.3 或大于 1.5 时，目标函数 SR 的收敛性均会变差。因此可以初步得出，在固定增益系数为 0.85，初始随机扰动幅值为 0.42，初始系数 b 为 1 的前提下，对间隔 c 为 0.01，最佳分段数 L 为 80 的分段随机扰动幅值的 SPGD 算法，其初始扰动幅值的最佳取值区间为 0.3~1.5，也进一步验证了所选取初始随机扰动幅值 0.42 的正确性。

11.2.3　中等、强湍流时大气湍流畸变波前校正分析

为了进一步验证分段随机扰动幅值的 SPGD 算法的可行性，分别随机取 20 帧 $D/r_0 = 10$ 和 15 时的大气湍流畸变波前，采用分段随机扰动幅值的 SPGD 算法进行校

正。$D/r_0=10$ 时，平均初始 SR 值、PV 值、RMS 值分别为 0.13rad、1.96rad、10.85rad。采用分段随机扰动幅值的 SPGD 算法校正后的目标函数 SR 收敛曲线比较如图 11-5 所示。由于此时的湍流畸变波前较严重，采用系统的性能评价函数值从初态改善到初态与稳态之间的 80%处所经历的迭代步数[8]进行比较。鉴于此，选取 SR 达 0.47 时的迭代次数，校正后最终 SR 的收敛值、PV 值、RMS 值和 SR 达到 0.47 时的迭代次数见表 11-2。

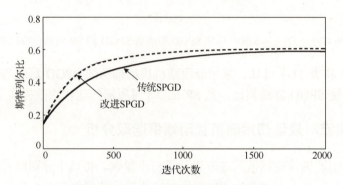

图 11-5　$D/r_0=10$ 时的 SR 收敛曲线

表 11-2　$D/r_0=10$ 时改进 SPGD 算法校正后相关参数

算法	SR	PV/rad	RMS/rad	SR 至 0.47 时迭代次数
改进 SPGD	0.60	10.11	1.88	286
传统 SPGD	0.59	10.21	1.89	458

$D/r_0=15$ 时，平均初始 SR 值、PV 值、RMS 值分别为 0.059rad、19.04rad、3.30rad。采用分段随机扰动幅值的 SPGD 算法校正后的目标函数 SR 收敛曲线比较如图 11-6 所示。选取 SR 达 0.27 时的迭代次数，校正后最终 SR 的收敛值、PV 值、RMS 值和 SR 达到 0.27 时的迭代次数见表 11-3。

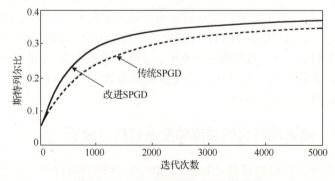

图 11-6　$D/r_0=15$ 时的 SR 收敛曲线

表 11-3　$D/r_0 = 15$ 时的改进 SPGD 算法校正后相关参数

算法	SR	PV/rad	RMS/rad	SR 至 0.27 时迭代次数
改进 SPGD	0.36	16.75	3.16	833
传统 SPGD	0.35	16.88	3.17	1464

由图 11-5、图 11-6 和表 11-2、表 11-3 可知，当 $D/r_0 = 10$ 和 15 时，随着大气湍流影响的增大，采用分段随机扰动幅值的 SPGD 算法校正，其最终的校正效果会变差，即目标函数 SR 收敛值及收敛速度都会在一定程度上减小，其主要影响因素在于变形镜的有限单元数，本章采用的 61 单元变形镜单元数还不能达到校正较大湍流畸变波前所要求的数量，对高频分量的校正能力不足。但总体上，采用分段随机扰动幅值 SPGD 算法均能实现对大气湍流畸变波前的校正，且校正后的目标函数 SR 能够实现有效的收敛。与固定最佳随机扰动幅值时传统 SPGD 算法相比，采用分段随机扰动幅值的 SPGD 算法，其 SR 达变化量的 80%处时的收敛速度提高了近 1.6 倍，验证了分段随机扰动幅值 SPGD 算法的可行性。

11.3　本章小结

在固定增益系数为 0.85，初始随机扰动幅值为 0.42，系数 b 为 1 的前提下，采用分段随机扰动幅值的 SPGD 算法，对 20 帧 $D/r_0 = 5$ 的大气湍流畸变波前进行了间隔 c 分别为 0.01、0.02、0.05、0.1、0.2 时所对应的不同分段数 L 校正后目标函数 SR 收敛情况分析。针对校正后的无波前探测自适应光学模型，初步得出了最佳分段数 $L = 4/(5c)$ 以及初始随机扰动幅值的最佳取值区间为 0.3~1.5 的结论。与固定最佳随机扰动幅值（取 0.2）时的传统 SPGD 算法相比，采用分段随机扰动幅值的 SPGD 算法，其 SR 达变化量的 80%处的收敛速度提高了近 1.6 倍。同时，对 20 帧 D/r_0 分别为 10 和 15 时的大气湍流畸变波前进行校正，进一步验证了分段随机扰动幅值 SPGD 方法的可行性。最后，由于对分段随机扰动幅值 SPGD 方法处于前期原理性的验证，对静态波前相差进行校正，验证了该改进方法的可行性。在此基础之上，后续将对大气动态波前相差作相应的深入研究，拟搭建实际光学实验平台作进一步的实验验证。

参 考 文 献

[1] 王彩霞, 李梅, 李新阳. 基于随机并行梯度下降算法的自适应光学实时并行处理机[J]. 光学学报, 2010, 30(11): 3076-3081.

[2] 王三宏, 梁永辉, 龙学军. 基于随机并行梯度下降算法的多级波前校正技术[J].中国激光, 2009, 36(5): 1091-1096.

[3] 喻际, 董冰. 基于变形镜本征模式的无波前传感器自适应光学系统实验研究[J]. 光学学报,

2015, 35(3): 0322004.

[4] 杨慧珍, 李新阳, 姜文汉. 自适应光学系统随机并行梯度下降控制算法仿真与分析[J]. 光学学报, 2007, 37(8): 1355-1360.

[5] 徐友会, 佟首峰. 自适应光学随机并行梯度下降控制算法的研究[J]. 长春大学学报, 2013, 23(4): 391-393.

[6] 吴健, 杨慧珍, 龚成龙. 基于分段随机扰动幅值的随机并行梯度下降算法研究[J]. 中国激光, 2014, 41(2): 0712001.

[7] Roddier N. Atmospheric wavefront simulation using Zernike polynomials[J]. Optical Engineering, 1990, 9(10): 1174-1180.

[8] 孙穗, 梁永辉, 王三宏. 随机并行梯度下降自适应光学系统中算法收敛速度的仿真研究[J]. 光电工程, 2011, 38(12): 6-12.

第 12 章 基于 Hadamard 模式的 SPGD 算法优化

SPGD 算法在迭代过程中，首先生成一组随机信号（通常为伯努利分布），然后按照一定的方式施加到波前校正器上，估计目标函数的梯度，最后完成控制信号更新[1,2]。利用硬件实现基于该算法的波前控制器时，首先需要设计一个伪随机序列发生器，以实时产生 M 序列或 Gold 序列作为扰动信号[3-6]。随着波前校正器单元数目的增加，需要的伪随机序列的数目相应增加，从而给硬件设计和实现带来一定的难度[5]。此外，如果产生的随机序列间存在较大的相关性，即扰动信息冗余，还可能进一步影响算法的收敛效率。为此，本章研究一种基于 Hadamard 模式扰动的 SPGD 算法。

12.1 H_GD 算法

基于 Hadamard 模式扰动的梯度下降算法（gradient descent algorithm with Hadamard model, H_GD）的无波前 AO 如图 12-1 所示。波前校正器校正入射波前相差，光电探测器探测远场信息，指标计算模块计算系统目标函数，H_GD 控制算法计算校正信号并输出给校正器。

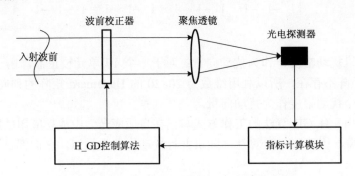

图 12-1 基于 H_GD 算法的自适应光学示意图

H_GD 的工作流程为：在第 $k+1$ 次闭环迭代时，首先利用 Hadamard 矩阵（由 1 和 –1 构成的正交矩阵，1 和 –1 的数量相同）产生一个扰动向量 $\Delta u^{(k)}$，然后类似于 SPGD 算法，按照双边扰动的方式更新校正信号 $u^{(k+1)}$，即

$$u^{(k+1)} = u^{(k)} \pm \gamma \Delta u^{(k)} \Delta J^{(k)}, \quad k = 0,1,2,\cdots \quad (12\text{-}1)$$

式中，γ 是步长系数；ΔJ 是由 $\Delta u^{(k)}$ 引起的目标函数扰动向量。

扰动向量 $\Delta u^{(k)}$ 的具体生成方法为：对于一个 N 单元校正器，如果维数为 $N \times N$ 的

Hadamard 矩阵存在,就循环利用其每一个列向量乘以一个扰动幅度作为算法的扰动向量;如果维数为 $N \times N$ 的 Hadamard 矩阵不存在,就利用维数略大于 $N \times N$ 的 Hadamard 矩阵按照上述方法生成扰动向量。例如,对于一个 16 单元校正器,可利用维数为 16×16 的 Hadamard 矩阵:

$$\text{Hadamard}(16,16) = \begin{bmatrix} 1 & 1 & 1 & 1 & 1 & 1 & 1 & 1 & 1 & 1 & 1 & 1 & 1 & 1 & 1 & 1 \\ 1 & -1 & 1 & -1 & 1 & -1 & 1 & -1 & 1 & -1 & 1 & -1 & 1 & -1 & 1 & -1 \\ 1 & 1 & -1 & -1 & 1 & 1 & -1 & -1 & 1 & 1 & -1 & -1 & 1 & 1 & -1 & -1 \\ 1 & -1 & -1 & 1 & 1 & -1 & -1 & 1 & 1 & -1 & -1 & 1 & 1 & -1 & -1 & 1 \\ 1 & 1 & 1 & 1 & -1 & -1 & -1 & -1 & 1 & 1 & 1 & 1 & -1 & -1 & -1 & -1 \\ 1 & -1 & 1 & -1 & -1 & 1 & -1 & 1 & 1 & -1 & 1 & -1 & -1 & 1 & -1 & 1 \\ 1 & 1 & -1 & -1 & -1 & -1 & 1 & 1 & 1 & 1 & -1 & -1 & -1 & -1 & 1 & 1 \\ 1 & -1 & -1 & 1 & -1 & 1 & 1 & -1 & 1 & -1 & -1 & 1 & -1 & 1 & 1 & -1 \\ 1 & 1 & 1 & 1 & 1 & 1 & 1 & 1 & -1 & -1 & -1 & -1 & -1 & -1 & -1 & -1 \\ 1 & -1 & 1 & -1 & 1 & -1 & 1 & -1 & -1 & 1 & -1 & 1 & -1 & 1 & -1 & 1 \\ 1 & 1 & -1 & -1 & 1 & 1 & -1 & -1 & -1 & -1 & 1 & 1 & -1 & -1 & 1 & 1 \\ 1 & -1 & -1 & 1 & 1 & -1 & -1 & 1 & -1 & 1 & 1 & -1 & -1 & 1 & 1 & -1 \\ 1 & 1 & 1 & 1 & -1 & -1 & -1 & -1 & -1 & -1 & -1 & -1 & 1 & 1 & 1 & 1 \\ 1 & -1 & 1 & -1 & -1 & 1 & -1 & 1 & -1 & 1 & -1 & 1 & 1 & -1 & 1 & -1 \\ 1 & 1 & -1 & -1 & -1 & -1 & 1 & 1 & -1 & -1 & 1 & 1 & 1 & 1 & -1 & -1 \\ 1 & -1 & -1 & 1 & -1 & 1 & 1 & -1 & -1 & 1 & 1 & -1 & 1 & -1 & -1 & 1 \end{bmatrix} \quad (12\text{-}2)$$

的列向量乘以扰动幅度 σ 作为扰动向量;对于一个 19 单元校正器,由于 19×19 维的 Hadamard 矩阵不存在,所以利用维数为 20×20 的 Hadamard 矩阵的列向量的前 19 个元素乘以一个扰动幅度作为扰动向量。

可以看出,H_GD 算法的工作方式与已在自适应光学中成功应用的爬山法(串行扰动梯度下降)[7]和 SPGD 算法(随机并行扰动)非常相似,它们都是通过迭代的方式来计算

$$\varphi(x,y) = \sum_{i=1}^{N} u_i F_i(x,y) \quad (12\text{-}3)$$

中的控制信号 u,$\varphi(x,y)$ 为入射相位畸变的共轭相位,$F_i(x,y)$ 是校正器第 i 个控制通道的影响函数,式(12-3)的矩阵形式可写成

$$\varphi = Fu \quad (12\text{-}4)$$

对于串行(扰动)梯度下降算法而言,根据其工作原理,其扰动向量事实上是单位矩阵 E(对角线为 1,其余为 0 的正交矩阵)的列向量乘以一个幅度常数 σ,因此

可以看作基于单位矩阵模式的梯度下降算法。串行（扰动）梯度下降算法对校正器的控制信号进行多次迭代后，可以得到每个模式的大小 v，即

$$\varphi = FEv \tag{12-5}$$

然后，校正器控制信号通过 $u = Ev$ 得到。

将式（12-5）中的单位矩阵 E 用 $E = HH^-$ 代替，就可以得到前面所述基于 Hadamard 模式的梯度下降算法，即 H_GD 算法：

$$\varphi = FEv = FHH^- v = FHh \tag{12-6}$$

式中，H 是一个 $N \times N$ 的 Hadamard 矩阵；H^- 是其逆矩阵（H 是由 1 和 –1 构成的正交矩阵，因此 H^- 一定存在）。可以看出，式（12-6）中，其扰动向量正是 Hadamard 矩阵的列向量乘以一个常数 σ。类似地，通过充分迭代可以得到每个模式的大小 h，而校正器控制信号可以通过 $u = Hh$ 得到。

基于以上分析可知 H_GD 算法是可行的，而且由式（12-2）可以看出，算法对波前校正器的各个单元并行迭代。而串行梯度下降算法对各个控制信号是按顺序逐个迭代的。因此作为并行优化算法，H_GD 算法效率比串行梯度下降算法高。

对于 SPGD 算法，根据工作原理以及伪随机序列（通常为 M 序列或 Gold 序列）的有限长特性，其扰动向量事实上是一个 $N \times L$ 的矩阵 M（由 1 和 –1 构成）的列向量乘以一定幅度 σ，其中 L 是伪随机序列的长度，N 是控制单元数（通常 $N \ll L$）。将 $E = MM^+$ 代入式（12-5）可得

$$\varphi = FMM^+ v = FMm \tag{12-7}$$

式中，M^+ 是 M 的伪逆矩阵。类似地，SPGD 算法可以看作基于 L 个伪随机模式的梯度下降算法，通过充分迭代可得每个扰动模式的大小 m，校正器控制信号可以通过 $u = Mm$ 计算出。

与 SPGD 控制算法相比，H_GD 算法中的扰动模式是确定的，而且优化的数量明显较少（$N \ll L$），因此效率可能更高。同时，在利用 H_GD 算法闭环时，可以事先将 Hadamard 矩阵存储到存储器中，闭环时直接调用即可，从而避免了设计伪随机序列发生器以及实时产生随机扰动信号，因此更容易实现。

12.2　数值仿真

为了验证 H_GD 算法的可行性和效率，建立了一个如图 12-1 所示的无波前探测自适应光学数值仿真模型。以 61 单元连续表面分立驱动压电变形镜为校正器，采用 Roddier 提出的方法[8]随机产生入射波前，以远场光强的平均半径

$$J = \frac{\iint \sqrt{(x-x')^2 + (y-y')^2} I(x,y) \mathrm{d}x\mathrm{d}y}{\iint I(x,y) \mathrm{d}x\mathrm{d}y} \tag{12-8}$$

为目标函数 J 进行闭环优化，用峰值

$$SR = \frac{\max(I(x,y))}{\max(I_0(x,y))} \tag{12-9}$$

评价闭环校正效果，其中 $I(x,y)$ 表示远场光强分布，(x',y') 是其质心，$\max(I(x,y))$ 表示远场光强峰值，$I_0(x,y)$ 表示无像差时的远场光强分布，$\max(I_0(x,y))$ 是其峰值。

根据前面关于 H_GD 算法工作流程的介绍，由于变形镜单元数 N 为 61，所以利用维数为 64×64 的 Hadamard 矩阵列向量的前 61 个元素乘以扰动幅度 σ 作为算法的扰动模式。需要注意的是，由于 Hadamard 矩阵的第一列元素全部为 1，施加到变形镜上时主要产生波前平移，所以该列向量不作为扰动模式。

按照 Roddier 提出的方法，利用 104 阶 Zernike 模式随机产生 200 帧入射波前畸变（不考虑波前倾斜），利用上述 H_GD 算法进行闭环仿真。

为了验证算法的全局收敛性，将闭环仿真结果与利用变形镜影响函数最小二乘拟合（least squares fitting，LSF）入射波前畸变得到的结果（可认为是系统的最佳校正效果）进行比较，结果如图 12-2 所示。从中可以看出，利用 H_GD 算法闭环后的 SR 与最小二乘法得到的 SR 非常接近，计算得知二者最大绝对偏差只有 0.0169。可以看出，H_GD 算法闭环精度很高且不易陷入局部极值。

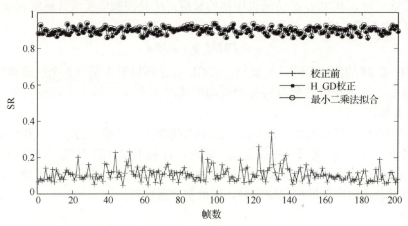

图 12-2　校正前、利用 H_GD 算法充分闭环后以及最小二乘法拟合后远场 SR 对比

为了验证 H_GD 算法的收敛速度，分别利用 H_GD 算法和 SPGD 算法在相同的扰动幅度 σ 和步长系数 γ 下进行闭环仿真，两种算法闭环得到的目标函数 J 和远场峰值斯特列尔比 SR 的平均迭代曲线如图 12-3 所示。从中可以看出，与 SPGD 算法相比，利用 H_GD 算法闭环时的 SR 收敛速度几乎快一倍。因此，基于 Hadamard 模式的梯度下降算法是可行的，而且效率比 SPGD 高，实现更加容易。

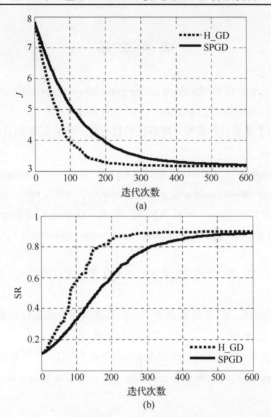

图 12-3 (a) 分别利用 H_GD 算法和 SPGD 算法闭环得到的目标函数 J 平均迭代曲线；
(b) 分别利用 H_GD 算法和 SPGD 算法闭环得到的 SR 平均迭代曲线

12.3 本章小结

根据以上分析可以得出，以 Hadamard 模式作为扰动信号的梯度下降算法，即 H_GD 算法，完全可以用作无波前探测自适应光学的控制算法。与目前常用的以随机信号为扰动的 SPGD 算法相比，从实现的角度来讲，由于 H_GD 算法不需要设计伪随机序列发生器以及实时产生伪随机序列，所以实施更加容易；从优化的模式数量来看，Hadamard 模式远少于 SPGD 算法优化的模式数量（前面所述的伪随机序列的周期），因此效率更高；与随机并行梯度下降算法相比，该算法不但实施更加容易，而且收敛速度更快。

需要说明的是，由于不是任意维数的 Hadamard 矩阵都存在，例如，利用 MATLAB 软件产生 Hadamard 矩阵时，维数 N 必须满足 N、$N/12$ 或 $N/20$ 是 2 的整数次幂。因此，当波前校正器单元数较大且不满足上述条件时，难以利用 Hadamard 矩阵产生扰动信号，如 $N=280$。因此，有必要研究利用一般正交矩阵产生扰动信号的可行性。

参 考 文 献

[1] Vorontsov M A, Carhart G W, Ricklin J C. Apaptive phase-distortion correction based on parallel gradient-descent optimization[J]. Opt. Lett., 1997, 22(12): 907-909.

[2] 陈波, 李新阳. 基于随机并行梯度下降算法的自适应光学系统带宽[J]. 激光与光电子学进展, 2013, 50(3): 030101.

[3] Cohen M H, Vorontsov M A, Carhart G, et al. Adaptive wavefornt correction: A hybrid VLSI/optical system implementing parallel stochastic gradient descent[C]. SPIE, 1999, 3866: 176-182.

[4] Alspector J, Gannett J W, Haber S, et al. A VLSI-efficient technique for generating multiple uncorrelated noise sources and its application to stochastic neural networks[J]. IEEE T. Circ. Syst., 1991, 38(1): 109-123.

[5] 张金宝, 陈波, 王彩霞, 等. 自适应光学系统 SPGD 控制算法的 FPGA 硬件实现[J]. 光电工程, 2009, 36(9): 46-51.

[6] 粟荣涛, 周朴, 王小林, 等. 光纤激光相干合成高速高精度相位控制器[J]. 强激光与粒子束, 2012, 24(6): 1290-1294.

[7] 姜文汉, 黄树辅, 吴旭斌. 爬山法自适应光学波前校正系统[J]. 中国激光, 1988, 15(1): 17-21.

[8] Roddier N. Atmospheric wavefront simulation using Zernike polynomials[J]. Opt. Eng., 1990, 29(10): 1174-1180.

第四篇　基于 SPGD 控制算法的 AO 系统应用

随着自适应光学技术的发展，无波前探测自适应光学技术由于结构简单等优势得到了广泛关注。与常规的基于波前探测的自适应光学相比，该技术不需要测量波前，而是通过优化算法直接优化系统的性能指标（通常为远场信息），最终实现波前相位畸变的校正。本篇介绍基于 SPGD 控制算法的无波前探测自适应光学系统在扩展目标成像、光斑整形、光束净化、光束相干合成及大气光通信等方面的应用。

第13章　扩展目标成像校正

大气湍流是降低空中目标图像分辨率的主要因素[1]。目前常采用自适应光学技术来克服大气湍流对成像质量的影响[2]或者采用斑点成像[3]和图像盲反卷积[4]等技术来恢复受到大气湍流影响的图像等。其中后两种方法属于事后处理，而自适应光学方法则是在成像之前完成对受到大气湍流影响的光波相位的补偿，从而实现高分辨率成像。本章将利用SPGD控制算法和61单元变形镜构建高分辨率成像自适应光学系统模型，分析无波前探测自适应光学技术在高分辨率成像中的应用。

13.1　背景介绍

13.1.1　应用背景

随着科学技术的发展，各国的科研工作者对从空间和宇宙获取更多知识和信息的愿望与日俱增，研究和开发了许多先进的观察仪器对天体目标进行观察和研究。其中主要手段之一是利用光学系统成像，包括空间望远镜，如美国的哈勃望远镜、地基大口径光学望远镜等。根据光学成像原理，提高光学系统成像分辨率的主要手段是增加望远镜的孔径或减小光学系统的像差。但是实践证明这些传统的技术手段只能有限提高目标图像的分辨率。对于空间目标成像，大气湍流则是影响成像分辨率的主要因素。

目前天文成像领域常采用常规自适应光学技术来克服大气湍流对成像质量的影响。但是当把常规自适应光学技术用于扩展目标图像恢复时，需要知道未畸变图像对应的参考波前。如果没有这些信息，即使通过一个非常薄的湍流相位屏对扩展目标成像，也难以识别并除去波前分量中所包含的相位畸变。对于强湍流或长程传输，非等晕效应和闪烁效应进一步使得这个问题变得难以处理。另外，常规自适应光学系统包含波前传感器、波前校正器和波前控制三大部分，系统结构稍显复杂。后期有学者提出一些简化系统的方法，如基于波前探测的解卷积方法[5,6]，该方法省去了波前校正器，但实时性不高，需要的计算量较大，适用于对速度要求不高的场合。另外一种简化系统的方法是基于像清晰度最大化的自适应光学技术，该技术不需要使用波前传感器，以迭代方式优化变形镜驱动器电压，使之逐步生成与波前畸变大小相等、符号相反的校正波前，从而消除大气湍流的影响生成高分辨率的图像。该技术早期使用的控制方法[7,8]难以满足实时性要求，近期常采用的随机并行优化技术为这方面的应用提供了可能。本章首先针对图像处理领域常用的几种类型评价进行比较，而后选取一种较优的指标函数作为仿真模型中使用的目标函数进行优化,考察该系统对不同类型的图像、不同畸变程度图像的校正能力。

13.1.2 扩展目标成像模型

地基大口径望远镜光学系统对天体目标成像,所记录的图像数据包含大气湍流的影响,图像中各点的变量随时间而随机变化,属于非相干成像系统。为了方便研究问题,可把从目标到望远镜光学系统的成像面作为一个系统,用大气点扩散函数表示它的传输特性,综合代表光波传输路径上所有影响目标图像分辨率的因素。在大气成像满足线性空间不变性的条件下,所记录的目标图像是目标函数和大气点扩散函数的卷积结果,即

$$f(x,y) = I(x,y) * h(x,y) \tag{13-1}$$

式中,(x,y) 代表像平面点的坐标;$I(x,y)$ 表示目标函数;$h(x,y)$ 为成像系统的点扩散函数;$f(x,y)$ 表示目标函数经过大气后在光学系统上所成的像。为简单化,省略了放大因子。当然,理想成像独立于传输通道上及光学系统的任何畸变,所有的畸变被认为可以通过点扩散函数表示。式(13-1)表明,从光学系统获得的记录图像包含两方面的信息:原始目标函数和系统点扩散函数。

数值实现时,把较清晰的现有图像作为目标函数 $I(x,y)$,点扩散函数 $h(x,y)$ 通过畸变波前的快速傅里叶变换得到。像平面 $f(x,y)$ 和目标函数都为灰度图像,即点 (x,y) 的值归一化到 0~255。仿真中所使用的原始图像如图 13-1(a)所示,图像几乎充满了整个像面,来自互联网的天文观测图像的大小为 128×128 像素点。根据通常望远镜成像系统的口径 D、探测波长 λ、目标距离等参数的范围,不失一般性,假定望远镜成像系统的衍射极限角 λ/D 对应 5 个像素点,则望远镜系统的成像全视场(field of view,FOV)约为 24 倍衍射极限角(λ/D)。图 13-1(b)为在望远镜参数条件下无像差时的理想成像效果。

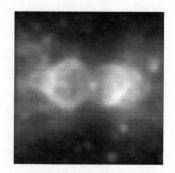

(a) 蚂蚁星云图   (b) 理想成像效果

图 13-1 仿真中所使用的原始图像和理想成像效果

本章采用 Roddier 提出的方法[9]生成不同湍流强度的相屏,相屏由前 65 阶 Zernike

像差组成,大小为 128×128 网格。用这种方法生成的相屏其统计属性符合 Kolmogorov 谱,且相屏之间不具有相关性。实际应用中两方向的倾斜像差一般使用倾斜镜来校正,并由单独的控制回路控制。数值仿真中,假设倾斜误差已经得到补偿,即像差中已经没有倾斜误差。湍流强度的大小可以使用波前校正器有效孔径 S 内的波前系综平均的标准差 $\sigma_{\mathrm{ph}}=\langle\sigma_{\phi}\rangle$,即 M 帧相屏的平均 RMS 或对应焦面上的斯特列尔比来表示。$\langle\sigma_{\phi}\rangle$ 计算为

$$\langle\sigma_{\phi}\rangle=\left[\frac{1}{M}\sum_{j=1}^{M}\sigma_{j}\right],\quad \sigma_{j}=\left(S^{-1}\int(\phi_{j}(r)-\phi_{j0}(r))^{2}\mathrm{d}^{2}r\right)^{1/2} \quad (13-2)$$

式中,σ_j 和 ϕ_{j0} 分别是与第 j 个相屏有关的随机波前 $\phi_j(r)$ 有关的标准差和均值,单位为 rad。通过快速傅里叶变换分别计算畸变波前和理想平面波前对应的远场光斑,将畸变波远场光斑中心光强与理想平面波远场光斑中心光强相比可得到斯特列尔比。

改变仿真程序的参数大小可以获得不同湍流强度的相屏,仿真中分别对 3 个不同 σ_{ph} 时的湍流情况进行了考察,3 个像差分别称为 1 号、2 号和 3 号像差。

13.2 成像清晰度函数

近年来,较常用的图像清晰度评价函数包括时域的灰度变化函数、梯度评价函数、频域的频谱评价函数、信息论领域的熵评价函数和统计学函数等几类。熵评价函数和统计学函数对背景噪声、光照条件等比较敏感,限制了它们在该领域的应用。本节从时域和频域的角度出发定义几个典型的图像质量评价函数。

图像的灰度方差大小表示图像像素点灰度分布离散程度的大小,当图像清晰时,像素点的灰度值分布范围较大,也就是灰度方差较大;当图像模糊时,像素点的灰度值分布范围较小,也就是灰度方差较小。灰度方差函数 F_1 定义为

$$F_1=\sum_x\sum_y[f(x,y)-u]^2 \quad (13-3)$$

式中

$$u=\frac{1}{MN}\sum_x\sum_y f(x,y) \quad (13-4)$$

灰度方差函数以图像所有像素点的灰度平均值为参考,计算每个像素点的灰度值与平均值的差,然后取平方和,它表征了图像灰度变化的程度,变化程度越大,说明灰度层次越丰富,图像越清晰。

图像梯度信息描述了图像边缘的清晰程度,灰度梯度越大,边缘越清晰,整幅图像的分辨率越大。基于图像灰度信息定义两个图像质量指标函数:灰度梯度模平方和 F_2 和拉普拉斯函数 F_3。F_2 形式为

$$F_2 = \sum_x \sum_y \{[f(x,y) - f(x+1,y)]^2 + [f(x,y) - f(x,y+1)]^2\} \quad (13\text{-}5)$$

由于进行了平方运算，使得不同像素点的梯度对图像质量指标函数的贡献不同，进行了非线性扩大，梯度越大，贡献越大，这符合图像清晰度与梯度的对应关系，即图像越清晰，边缘梯度越大。拉普拉斯算子对图像进行二阶微分运算得

$$\nabla^2 f(x,y) = \frac{\partial^2 f(x,y)}{\partial x^2} + \frac{\partial^2 f(x,y)}{\partial y^2} \quad (13\text{-}6)$$

根据不同情况可以取不同的模板，本章使用下列模板和相应的评价函数 F_3：

0	−1	0
−1	4	−1
0	−1	0

$$F_3 = \sum_x \sum_y \{4f(x,y) - f(x,y+1) - f(x,y-1) - f(x+1,y) - f(x-1,y)\}^2 \quad (13\text{-}7)$$

根据傅里叶光学理论，用来描述成像清晰度所采用的评价标准与高频分量的多少有密切关系，高频分量的增多也意味着总能量的增加。傅里叶变换的高频分量对应着图像边缘细节，图像清晰时，包含边缘信息的高频分量较多，图像模糊时，高频分量较少，总能量也减少。频率评价函数 F_4 可据图 13-2 获得。

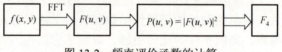

图 13-2　频率评价函数的计算

首先将时域的图像 $f(x,y)$ 通过快速傅里叶变换转换到频域得 $F(u,v)$，幅度的平方和为能量谱。设图像为 $M \times N$，则

$$F(u,v) = \frac{1}{MN} \sum_{x=1}^{M} \sum_{y=1}^{N} f(x,y) \exp\left[-j2\pi\left(\frac{xu}{M} + \frac{yv}{N}\right)\right] \quad (13\text{-}8)$$

能量谱为

$$P(u,v) = |F(u,v)|^2 \quad (13\text{-}9)$$

取

$$F = \sum_u \sum_v P(u,v) \quad (13\text{-}10)$$

为了突出高频分量的作用，对 F 进行修正。考虑到 u、v 表示频率，u、v 的值越大，就给其系数较大的权重，修正后的评价函数 F_4 为

$$F_4 = \sum_u \sum_v (u^2 + v^2) P(u,v) \quad (13\text{-}11)$$

高清晰度图像的主要特征是具有清晰的边缘和丰富的图像细节，而边缘的细节对

应于图像傅里叶变换的高频分量；图像的模糊一定程度上体现为高频成分的衰减。公式 F_4 又称为图像的平均谱。

13.3 高分辨率成像 AO 系统模型

仿真中所使用的高分辨率成像 AO 系统模型如图 13-3 所示，由四大部分组成：成像系统、性能指标分析、SPGD 算法和一个 61 单元变形镜。成像系统用来记录图像平面 $f(x,y)$，图像质量分析部分按照相应的公式计算图像质量指标，SPGD 算法根据图像质量分析部分的数据计算变形镜 61 个驱动器的驱动信号。成像 $f(x,y)$ 按照式（13-1）使用目标函数和系统的强度点扩散函数计算获得。本章仿真中没有考虑变形镜的校正量的限制，即认为变形镜的校正量足够大。

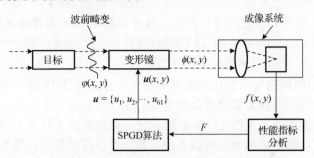

图 13-3 高分辨率成像 AO 系统模型

SPGD 算法的执行过程前面几章已作了详细介绍，在此简单说明如下。算法所使用的几个主要公式如下。

图像质量指标 F 的变化量为

$$\Delta F^{(k)} = F_+^{(k)} - F_-^{(k)} \tag{13-12}$$

$F_+^{(k)}$ 和 $F_-^{(k)}$ 的计算公式为

$$F_+^{(k)} = F(\boldsymbol{u}^{(k)} + \Delta \boldsymbol{u}^{(k)}) \tag{13-13a}$$

$$F_-^{(k)} = F(\boldsymbol{u}^{(k)} - \Delta \boldsymbol{u}^{(k)}) \tag{13-13b}$$

电压参数 u 的迭代计算公式为

$$\boldsymbol{u}^{(k+1)} = \boldsymbol{u}^{(k)} + \gamma \Delta \boldsymbol{u}^{(k)} \Delta F^{(k)} \tag{13-14}$$

式中，上标 (k) 表示第 k 次迭代；$\Delta \boldsymbol{u}^{(k)} = \{\Delta u_1, \Delta u_2, \cdots, \Delta u_n\}^{(k)}$ 为第 k 次迭代时施加的扰动电压向量；γ 为增益系数，在实际应用中，如使目标函数向极大方向优化，γ 取正值，反之，γ 取负值。

SPGD 算法的执行过程如下（第 k 次迭代时）。

(1) 随机生成扰动向量 $\Delta \boldsymbol{u}^{(k)} = \{\Delta u_1, \Delta u_2, \cdots, \Delta u_n\}^{(k)}$，各 Δu_i 相互独立且同为伯努利分布，即各分量幅值相等 $|\Delta u_j| = \sigma$，$\Pr(\Delta u_j = \pm\sigma) = 0.5$。

(2) 利用式（13-12）和式（13-13）计算目标函数的变化量 $\Delta F^{(k)}$。

(3) 利用式（13-14）更新控制参数，进行第 $k+1$ 次迭代，直至满足算法结束条件。

13.4 高分辨率成像仿真结果

本节通过对受到不同大小像差扰动的图像进行校正，以考察所建立的 AO 系统模型高分辨率成像能力[10]。

13.4.1 灰度方差函数作为图像质量标准

首先考察了图像受不同大小像差扰动后的校正情况。图 13-4 为 3 种不同像差大小情况下 F_1 和 SR 随迭代次数的变化曲线。其中，图 13-4(a)为目标函数 F_1 随迭代次数的变化曲线；图 13-4(b)为相应的 SR 随迭代次数的变化曲线。图中的曲线除特别说明外，均为每种情况下 20 个不同相屏的平均。

从图 13-4 中两种指标的变化曲线可以看出，算法经过 1500 次迭代后基本做到了完全收敛，随着像差的增大算法收敛所需要的迭代次数在逐步增加。不同像差条件下校正前后图像的成像效果见图 13-14 中第 2 行，相应的第 1 行为不同像差的理想成像效果。通过校正前后的成像对比可以看出，校正后成像质量明显提高。

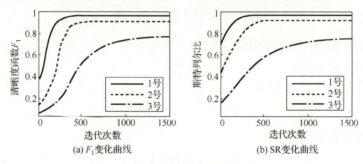

图 13-4 不同大小像差时，以图像质量标准 F_1 作为算法优化的性能评价函数对目标成像校正前后 F_1 和斯特列尔比随迭代次数的变化曲线

图 13-5、图 13-6 和图 13-7 分别给出了 1 号、2 号和 3 号像差情况下任意单帧相屏校正前后各阶 Zernike 模式、波前相位及点扩散函数对比。

从图 13-5(a)、图 13-6(a)、图 13-7(a)中校正前后各阶 Zernike 像差的大小可以看出，初始波前低阶像差占了大部分，相比较而言，算法结束时这些低阶像差被很好地校正掉，高阶部分只是很小一部分被补偿；从图 13-5(b)、图 13-6(b)、图 13-7(b)中的波面校正前后对比可以发现，校正后波面平坦了许多；图 13-5(c)、图 13-6(c)、图 13-7(c)中校正后光斑能量明显集中，且光斑中心峰值突出。

第 13 章 扩展目标成像校正

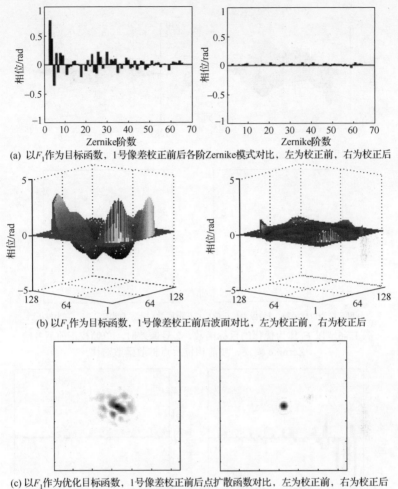

图 13-5 以 F_1 作为优化目标函数，1 号像差时，单帧校正前后各阶
Zernike 模式、波前相位及点扩散函数对比

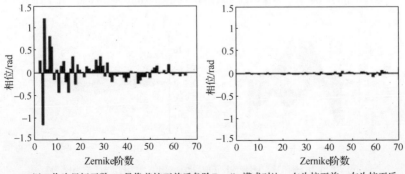

(a) 以F_1作为目标函数，2号像差校正前后各阶Zernike模式对比，左为校正前，右为校正后

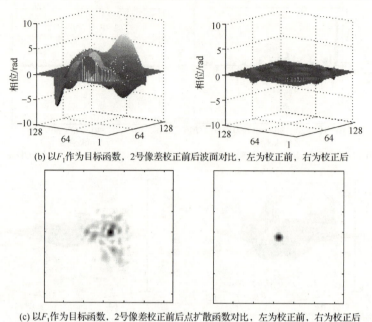

(b) 以 F_1 作为目标函数，2号像差校正前后波面对比，左为校正前，右为校正后

(c) 以 F_1 作为目标函数，2号像差校正前后点扩散函数对比，左为校正前，右为校正后

图 13-6　以 F_1 作为优化的目标函数，2 号像差时，单帧校正前后各阶 Zernike 模式、波前相位及点扩散函数对比

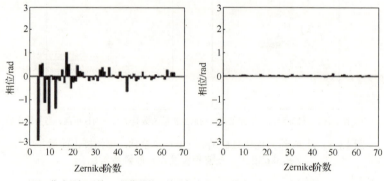

(a) 以 F_1 作为目标函数，3号像差校正前后各阶Zernike模式对比，左为校正前，右为校正后

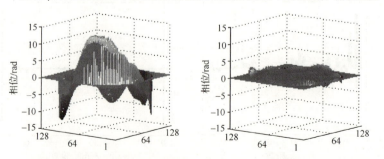

(b) 以 F_1 作为目标函数，3号像差校正前后波面对比，左为校正前，右为校正后

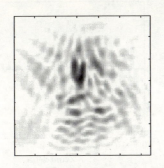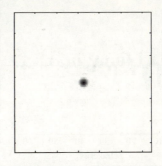

(c) 以 F_1 作为目标函数，3 号像差校正前后点扩散函数对比，左为校正前，右为校正后

图 13-7　以 F_1 作为优化的目标函数，3 号像差时，单帧校正前后各阶 Zernike 模式、波前相位及点扩散函数对比

13.4.2　灰度梯度模平方和作为图像质量指标

首先考察 3 种不同像差大小情况下，以 F_2 作为质量指标对图像的校正情况。图 13-8 为 F_2 和相应点扩散函数的 SR 随迭代次数的变化曲线。其中，图 13-8(a) 为目标函数 F_2 随迭代次数的变化曲线，图 13-8(b) 为 SR 变化曲线。

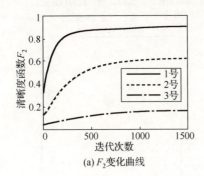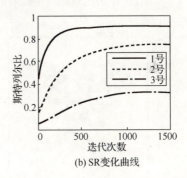

(a) F_2 变化曲线　　　　　　　　　　(b) SR 变化曲线

图 13-8　不同大小像差时，以图像质量标准 F_2 作为算法优化的性能评价函数对目标成像进行校正，F_2 和斯特列尔比随迭代次数的变化曲线

从图 13-8 可以看出，1500 次算法迭代后，目标函数 F_2 已做到了完全收敛。图 13-9 给出了 3 号像差时，单帧相屏校正前后各阶 Zernike 模式、波前相位及点扩散函数对比。从图 13-9 可以看出使用 F_2 作为优化的目标函数，低阶 Zernike 像差仍有较多部分没有校正，相应的残余波面畸变仍然较严重。不同像差条件下校正后图像成像效果见图 13-14 中第 3 行。

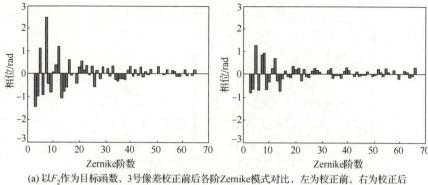

(a) 以 F_2 作为目标函数，3号像差校正前后各阶Zernike模式对比，左为校正前，右为校正后

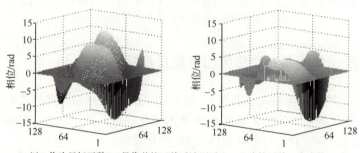

(b) 以 F_2 作为目标函数，3号像差校正前后波面对比，左为校正前，右为校正后

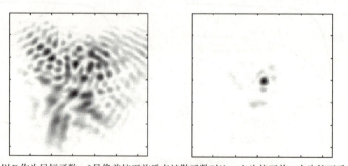

(c) 以 F_2 作为目标函数，3号像差校正前后点扩散函数对比，左为校正前，右为校正后

图 13-9　以 F_2 作为优化的目标函数，3 号像差时，单帧校正前后各阶 Zernike 模式、波前相位及点扩散函数对比

13.4.3　拉普拉斯函数作为图像质量指标

首先考察 3 种不同像差大小情况下，以 F_3 作为质量指标对图像的校正情况。图 13-10 为 F_3 和相应的点扩散函数 SR 随迭代次数的变化曲线。

从图 13-10 可以看出，1500 次算法迭代后，目标函数 F_3 已做到了完全收敛。

图 13-11 给出了 3 号像差时,单帧相屏校正前后各阶 Zernike 模式、波前相位及点扩散函数对比。从图 13-11 可以看出,和使用 F_2 类似,使用 F_3 作为优化的目标函数时,当像差较大时,低阶 Zernike 像差仍有较多部分没有校正,相应的残余波面畸变仍然较严重。不同像差条件下校正后图像成像效果见图 13-14 中第 4 行。

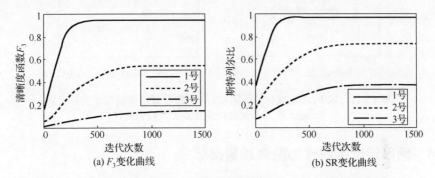

图 13-10 不同大小像差时,以图像质量标准 F_3 作为算法优化的性能评价函数对目标成像进行校正,F_3 和斯特列尔比随迭代次数的变化曲线

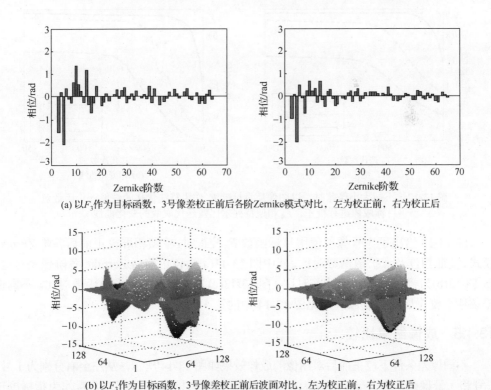

(a) 以 F_3 作为目标函数,3号像差校正前后各阶Zernike模式对比,左为校正前,右为校正后

(b) 以 F_3 作为目标函数,3号像差校正前后波面对比,左为校正前,右为校正后

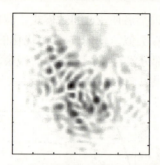 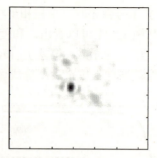

(c) 以 F_3 作为目标函数，3号像差校正前后点扩散函数对比，左为校正前，右为校正后

图 13-11　以 F_3 作为优化目标函数，3 号像差时，单帧校正前后各阶 Zernike 模式、波前相位及点扩散函数对比

13.4.4　频率评价函数作为图像质量指标

首先考察对图像的校正情况，图 13-12 为 3 种不同像差大小情况下 F_4 和 SR 随迭代次数的变化曲线。

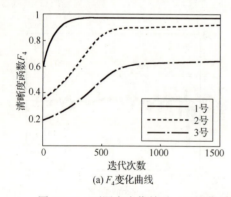 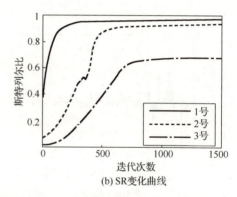

(a) F_4 变化曲线　　　　　　　　(b) SR 变化曲线

图 13-12　不同大小像差时，以图像质量标准 F_4 作为算法优化的性能评价函数对目标成像进行校正，F_4 和斯特列尔比随迭代次数的变化曲线

图 13-13 给出了 3 号像差使用目标函数 F_4 校正时，单帧相屏校正前后各阶 Zernike 模式、波前相位及点扩散函数对比。其中图 13-13(a) 为校正前后 Zernike 各阶像差对比；图 13-13(b) 为校正前后残余波前对比；图 13-13(c) 为校正前后点扩散函数对比。不同像差条件下校正后图像成像效果见图 13-14 中的第 5 行。

13.4.5　成像结果比较

不同像差条件下校正前后对图像的成像效果如图 13-14 所示，从左至右分别为 1 号、2 号和 3 号像差；从上至下分别为校正前、以 F_1 作为指标校正后、以 F_2 作为指标校正后、以 F_3 作为指标校正后和以 F_4 作为指标校正后的成像效果。

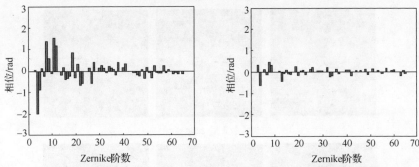
(a) 以F_4作为目标函数,3号像差校正前后各阶Zernike模式对比,左为校正前,右为校正后

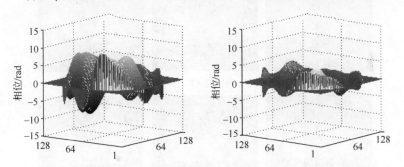
(b) 以F_4作为目标函数,3号像差校正前后波面对比,左为校正前,右为校正后

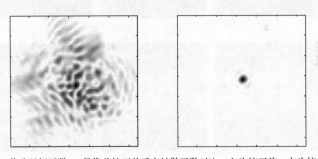
(c) 以F_4作为目标函数,3号像差校正前后点扩散函数对比,左为校正前,右为校正后

图 13-13 以 F_4 作为优化目标函数,3 号像差时,单帧校正前后各阶 Zernike 模式、波前相位及点扩散函数对比

1号、2号、3号校正前

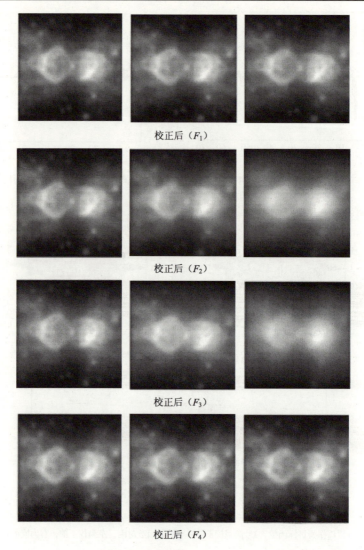

图 13-14　不同大小像差时,分别以 F_1、F_2、F_3 和 F_4 作为控制算法优化的目标函数,图像校正前后成像对比

从图 13-14 可以看出,与像差校正前成像效果相比,3 种像差情况下,4 个指标都有明显的校正作用。1 号和 2 号像差时,几种指标的成像效果接近,3 号像差时,F_1 和 F_4 的成像效果好于 F_2 和 F_3 的成像效果。F_1 和 F_4 相比较,前者稍好于后者。

13.4.6　校正能力分析

为便于比较几种指标的校正能力,综合校正前 RMS、相应的 SR 值以及使用各种指标校正后残余波前 RMS 和相应的 SR 值给出了图 13-15 所示的曲线图。

第 13 章 扩展目标成像校正

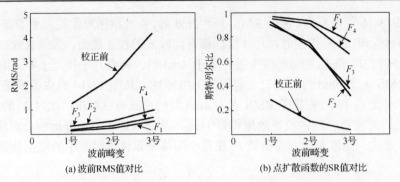

(a) 波前 RMS 值对比　　　　(b) 点扩散函数的 SR 值对比

图 13-15　校正前和分别以 F_1、F_2、F_3 和 F_4 为控制算法优化目标函数时校正后的波前 RMS 及对应点扩散函数的 SR 值对比

从图 13-15 中校正前后的 RMS 值和 SR 值可以看出，1 号像差时，4 种指标的校正效果都比较理想，SR 在 0.9 以上，差别不大；2 号像差时，F_1 和 F_4 的校正能力接近，F_2 和 F_3 接近，后两者明显不如前两者；3 号像差时，4 种指标校正能力区别较大，F_1 所获得的 SR 最大，F_4 次之，F_2 和 F_3 较小。综合而言，以 F_1 作为优化的目标函数时，3 种像差情况下校正后的残余波前 RMS 都相对最小，对应点扩散函数的 SR 值相对最大。

像差大小相同时，使用不同的目标函数进行像差校正后得到了不同的校正效果，这种现象可以通过分析各种图像质量指标的定义来解释。从式（13-5）中 F_2 的定义及式（13-7）中 F_3 的定义可知，这两种指标都是先计算像素点 $f(x,y)$ 和它周围几个有限像素点的灰度梯度信息，再对图像平面上所有点的相关信息进行求和，换句话说，这两种指标仅利用了像素点 $f(x,y)$ 周围的局部信息。式（13-3）中 F_1 利用了图像的灰度方差信息；式（13-11）中 F_4 使用了图像的平均频谱信息，两者都利用了图像的全局信息。从图 13-15 的比较结果可以看出，利用图像全局信息的 F_1 和 F_4 的校正效果优于利用局部信息的 F_2 和 F_3。比较 F_1 和 F_4 的校正效果可以发现，F_1 比 F_4 对像差的大小有着更强的适应能力。可能当像差较大时，如 3 号像差，图像高频成分衰减得较为严重，造成指标 F_4 对像差大小变化的敏感性变差。图 13-16 给出了 4 种指标随像差大小变化的趋势图。

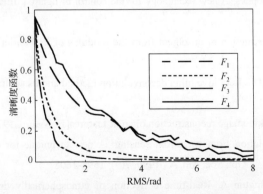

图 13-16　几种指标随像差大小变化趋势图

从图 13-16 可以看出，像差 RMS 小于 2rad 时，4 种指标对像差大小的变化都比较敏感，相对应地，1 号像差时，几种指标都有比较好的校正能力；像差 RMS 大于 2rad 小于 4rad 时，F_2 和 F_3 的敏感度变差，大于 4rad 时，两者几乎接近于零。而 F_1 和 F_4 在像差 RMS 大于 4rad 时，仍有一定程度的敏感性，从图 13-14 的成像效果可以发现这一点。对比 F_1 和 F_4 在像差 RMS 大于 4rad 时的曲线可以看出，此时 F_1 的敏感程度略大于 F_4，对应地，F_1 的校正效果稍好于 F_4，从而验证了上述分析的合理性。

综合来说，图像灰度方差函数 F_1 在几个图像质量评价函数中的校正效果最优。

13.5 本章小结

本章基于非相干成像理论，使用 SPGD 控制算法和 61 单元变形镜搭建了用于高分辨率成像自适应光学系统仿真平台。选取合适的图像质量评价标准对于成功去除像差实现高分辨率成像非常关键，首先分析了几种常用的图像质量评价标准与像差大小的关系。在上述分析基础上，选取图像的方差函数作为 SPGD 控制算法优化的对象。

仿真结果表明，所选取的图像质量标准是有效的，这为实际应用提供了非常有价值的经验：基于图像系综平均的图像质量标准优于基于图像局部信息的图像质量标准。以图像灰度方差函数和图像的平均谱作为控制算法优化的目标函数时，在一定大小像差范围内，所采用的方法能够实现对不同类型的目标进行高分辨率成像。总的来说，只要像差的类型和大小在变形镜的行程范围内，都可以得到满意的成像效果。

参考文献

[1] 张逸新. 随机介质中光的传播与成像[M]. 北京：国防工业出版社, 2002.
[2] Hardy J W. Active optics: A new technology for the control of light[C]. IEEE Procedings, 1978, 66(6): 651-697.
[3] Fienup J R. Reconstruction of an object from the modulus of its Fourier transforms[J]. Opt. Lett., 1978, 3(1): 27-29.
[4] Ayers G R, Dainty J C. Iteratiove blind deconvolution method and its application[J]. Opt. Lett., 1988, 13(1): 547-549.
[5] Stachnik R V. Speckle image reconstruction of solar features[J]. Nature, 1977, 266: 149-151.
[6] Primot J. Deconvolution from wavefront sensing: A new technique for compensating turbulence-degraded images[J]. J. Opt. Soc. Am. A., 1990, 7(9): 1598-1608.
[7] Muller R A, Buffington A. Real-time correction of atmospherically degraded telescope images through image sharpening[J]. J. Opt. Soc. Am. A., 1974, 64(9): 1200-1210.

[8] 姜文汉, 黄树辅, 吴旭斌. 爬山法自适应光学波前校正系统[J]. 中国激光, 1988, 15(1): 17-21.

[9] Roddier N. Atmospheric wavefront simulation using Zernike polynomials[J]. Optical Engineering, 1990, 29(10): 1174-1180.

[10] Yang H Z, Li X Y, Gong C L, et al. Restoration of turbulence-degraded extended object using the stochastic parallel gradient descent algorithm numerical simulation[J]. Optics Express, 2009, 17(5): 3052-3062.

第 14 章 成像噪声对扩展目标成像校正效果的影响

在扩展目标成像应用环境中,各种图像清晰度指标成为系统控制算法优化的首先目标函数。第 13 章分别从时域、频域方面比较了多种图像清晰度指标的校正效果,结果表明基于图像灰度值的方差函数最优,其校正能力接近最小二乘法。但是这些传统的各类指标并未对噪声作特殊的考虑,而实际的观测目标成像除了大气湍流退化还存在噪声污染。噪声的存在影响着图像清晰度指标的计算,而图像清晰度作为系统控制算法优化的对象,将会直接影响到自适应光学技术的校正效果。自适应光学技术主要用于减小或抑制大气湍流对成像效果的影响,消除不了噪声对图像的影响,噪声的污染就会影响自适应光学系统的校正能力。因此,为了使自适应光学系统校正能力达到最大,有必要分析噪声对自适应光学技术校正能力的影响,以便寻找更有效的适合扩展目标成像的图像清晰度指标。

14.1 仿 真 模 型

仿真模型同第 13 章图 13-3 中的 AO 成像校正系统。本章依然采用 61 单元压电变形镜,仿真的具体参数和系统工作流程请参阅第 13 章相关内容,此处不再赘述。仿真中所使用的原始图像如图 14-1(a)所示,图 14-1(b)为望远镜参数条件下无像差时的理想成像效果。

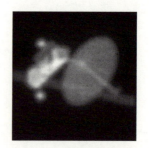

(a) 原始图像   (b) 理想成像效果

图 14-1 原始图像和理想成像效果

模拟中使用的像差生成方法同第 13 章,采用 Roddier 提出的方法[1]产生不同湍流强度的相屏。仿真中分别对 3 个不同 D/r_0 时的湍流情况进行了验证,即 $D/r_0 = 5$,$D/r_0 = 10$,$D/r_0 = 20$。每种情况下通过对 20 个不同相屏的有关数据作系综平均得到该湍流情况下的各种数据（相当于长曝光图像），包括 SR 以及后面的目标函数、校正前后的图像等。

在高光子水平或者以 CCD 读出噪声为主的情况下，噪声满足加性高斯模型，大气湍流退化过程可表示为

$$f(x,y) = I(x,y) * h(x,y) + n(x,y) \tag{14-1}$$

其中，"*"为卷积运算。在上述三种不同湍流条件下，分析信噪比为 5dB、10dB 和 20dB 时，噪声的存在对自适应光学系统的校正能力的影响。信噪比的计算公式为

$$\mathrm{SNR} = 10\lg \frac{\sum_{(x,y)}[I(x,y)*h(x,y)]^2}{\sum_{(x,y)}n(x,y)^2} \tag{14-2}$$

基于第 13 章的结果，目标函数采用图像灰度值的方差函数[2]，分析成像噪声对扩展目标校正效果的影响[3]。

14.2 结果与分析

14.2.1 噪声与目标函数之间关系

当图像无噪声时，图像灰度值的方差函数表征了图像灰度值的离散程度，方差函数越大，图像质量越好。第 13 章的研究结果证明，方差函数在扩展目标成像应用中优于其他几种指标函数，其校正效果非常接近最小二乘法。随着像差畸变程度的增大，方差函数变小，这种趋势符合实际情况，也符合理论分析值。

当图像加上噪声时，保持像差畸变程度不变。直观上，噪声越大，即信噪比越小，图像越模糊，方差函数值应越小；而噪声越小，信噪比越大时，图像越清晰，方差函数应越大。实验中，针对图 14-1(b)的理想成像，分别叠加信噪比 SNR 为 5dB、10dB、15dB 和 20dB 的噪声时，方差函数值的变化如表 14-1 所示。

表 14-1 方差函数值随信噪比的变化

SNR/dB	∞	20	15	10	5
性能指标/F	849	855	867	889	1036

从表 14-1 的数据可以看出随着信噪比的减小，图像模糊程度增大，方差函数值越来越大，这与理论分析不一致，因此噪声的存在使得方差函数值在一定程度上已不能准确地反映图像质量的好坏。

而就无波前探测自适应光学系统而言，图像质量标准在一定程度上影响到系统校正能力的高低。噪声的存在影响着图像质量指标的大小，从前面自适应光学原理的介绍可知，图像质量指标的大小直接影响着控制算法的性能。影响的方式和程度如何，下面加以分析。

14.2.2 噪声对校正效果的影响

在湍流强度分别为 $D/r_0 = 5$，$D/r_0 = 10$，$D/r_0 = 20$ 的条件下，信噪比 SNR 为 5dB、10dB 和 20dB 时，分析噪声的存在对自适应光学系统校正能力的影响。以校正后波前远场光斑的斯特列尔比作为衡量自适应光学系统校正能力的指标。

图 14-2 为 $D/r_0 = 5$，$D/r_0 = 10$，$D/r_0 = 20$ 时不同信噪比的校正情况，图中的曲线为算法 1500 次迭代过程中 SR 的变化情况。

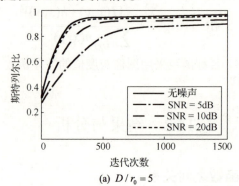

(a) $D/r_0 = 5$

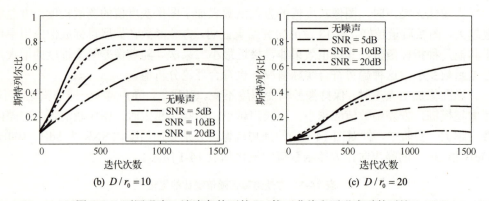

(b) $D/r_0 = 10$ (c) $D/r_0 = 20$

图 14-2 不同噪声、湍流条件下的 SR 校正曲线和无噪声时的对比

从图 14-2 可以看出，虽然噪声存在，但系统经过一定次数的迭代后仍然能够收敛。但随着信噪比的增大，收敛速度越来越慢。相同的湍流条件下，有噪声时的校正效果均差于无噪声存在时，且随着噪声的增大，即信噪比的减小，校正效果越来越差。相同的信噪比时，随着湍流强度的增加，噪声对校正效果的影响也随之增大。当 $D/r_0 = 5$，SNR = 20dB 时，和无噪声情况相比，SR 仅减小了 0.05；但是 $D/r_0 = 20$，SNR = 20dB 时，SR 降低了 0.2。可见，湍流越强，自适应光学系统的校正效果受噪声的影响越大。

图 14-3 给出了 $D/r_0 = 5$ 时，自适应光学系统校正前后信噪比分别为无噪声、20dB、10dB 和 5dB 的成像情况。

第 14 章 成像噪声对扩展目标成像校正效果的影响

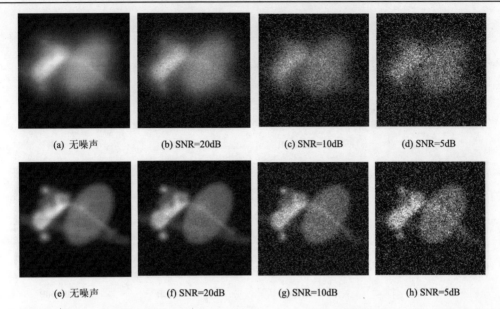

(a) 无噪声　　　(b) SNR=20dB　　　(c) SNR=10dB　　　(d) SNR=5dB

(e) 无噪声　　　(f) SNR=20dB　　　(g) SNR=10dB　　　(h) SNR=5dB

图 14-3　$D/r_0 = 5$ 时，噪声分别为 20dB、10dB 和 5dB 时自适应光学系统校正以后与无噪声时的成像效果对比。(a)~(d)为自适应光学校正前的成像效果；(e)~(h)为自适应光学校正后的成像效果

对比校正后和校正前的成像结果可以看出，无论是否存在噪声，自适应光学技术都有明显的校正效果。尤其当信噪比较小为 5dB 时，校正后依然可以清晰地看到成像中的目标轮廓。值得说明的是，自适应光学是无法去除系统中的噪声的，自适应光学技术只能去除由于波前像差带来的畸变，所以校正后噪声依然存在。但是由于很好地去除了造成图像畸变的主要因素，所以成像效果比校正以前有大幅度提高。

图 14-4 给出了 $D/r_0 = 20$ 时，自适应光学系统校正前后信噪比分别为无噪声、20dB、10dB 和 5dB 的成像情况。从图 14-4 可以看出，湍流较强时，无论有无噪声，所得目标图像都是一片模糊，几乎分辨不清图中目标为何物，尤其是噪声较大，如信噪比分别为 10dB 和 20dB 时。对比图 14-4(a)和 14-4(e)无噪声时校正前后的成像效果，可以发现湍流条件即使在 $D/r_0 = 20$ 时，自适应光学技术仍然有较强的校正能力，将致使图像模糊的主要波前畸变部分去除。信噪比较大时，如 SNR=20 时，这种校正作用依然很明显。但是当信噪比较小时，从图 14-4(c)和图 14-4(d)与图 14-4(g)和图 14-4(h)校正后相对应的图像比较可知，校正作用已经十分微弱。因此，对比图 14-4 中无噪声和有噪声存在时的校正结果可知，此时的噪声已经极大地影响了自适应光学技术的校正效果。对比图 14-3(c)和图 14-3(g)与图 14-4(c)和图 14-4(g)信噪比同为 10dB 的情况，可以看出湍流越强，自适应光学校正效果受噪声的影响越大。

从图 14-2 中的自适应光学系统适应曲线及图 14-3、图 14-4 中存在噪声情况下的自适应光学校正效果来看，噪声的存在对自适应光学系统校正能力有着一定程度的影响，尤其当湍流条件较强时，这种影响不容忽视。

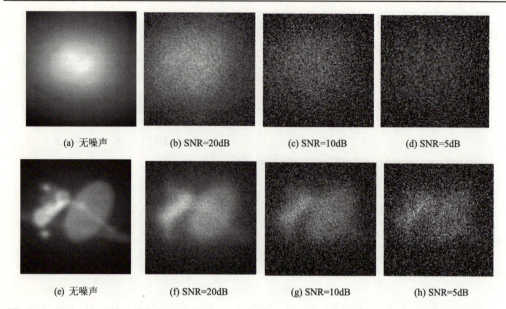

图14-4 $D/r_0=20$时，噪声分别为20dB、10dB和5dB时自适应光学系统校正以后与无噪声时的成像效果对比。(a)~(d)为自适应光学校正前的成像效果；(e)~(h)为自适应光学校正后的成像效果

14.3 结 论

实际的空间观测目标成像除了大气湍流退化外，还存在噪声污染，噪声的存在直接影响着图像清晰度指标的计算。在无波前探测自适应光学技术中，图像清晰度通常被作为系统控制算法优化的对象，因而噪声的存在将会进一步影响到自适应光学技术的校正效果。

本章结果表明，像差较小且图像信噪比大于20dB时，自适应光学技术的校正效果几乎不受影响；但随着信噪比的减小，校正效果对比无噪声时明显变差。相同的信噪比条件下，像差越大，成像效果受噪声的影响越大，且整个自适应光学系统收敛的速度越慢。时域评价函数是图像处理领域较常用的图像质量评价标准，原因是它计算简单、物理意义明确。但从以上成像结果可知，如果不加任何修改地使用这些指标作为无波前探测自适应光学系统控制算法的性能评价指标，可能极大地降低自适应光学系统的校正能力。这可能跟这些函数把图像看成一些单一的点的结合有关，图像中所有的像素点同样对待，而没有考虑到图像像素间的相关性。当像差有较大灰度差别和较多像素点有较小灰度差别时，如本章中含有背景噪声的扩展目标成像的应用中，准确性较差。

因此，在将无波前探测自适应光学技术用于噪声较大的空间扩展目标成像时，可以选择对噪声不敏感的图像质量评价标准作为控制算法优化的目标函数；或者在计算目标函数之前,对图像噪声进行过滤,尽可能减小噪声对目标函数值的影响,这些是下一步研究工作的方向。

14.4 本章小结

本章以 61 单元变形镜作为校正器、随机并行梯度下降算法作为无波前探测自适应光学系统的控制算法、扩展目标图像灰度值的方差函数作为控制算法优化的目标函数,建立无波前探测自适应光学系统仿真模型,分析成像系统噪声对无波前探测自适应光学校正效果的影响。结果表明像差较小且图像信噪比大于 20dB 时,自适应光学技术的校正效果几乎不受影响;但随着信噪比的减小,校正效果对比无噪声时明显变差。相同的信噪比条件下,像差越大,成像效果受噪声的影响越大。

参 考 文 献

[1] Roddier N. Atmospheric wavefront simulation using Zernike polynomials[J]. Optical Engineering, 1990, 29(10): 1174-1180.

[2] Yang H Z, Li X Y, Gong C L, et al. Restoration of turbulence-degraded extended object using the stochastic parallel gradient descent algorithm: Numerical simulation[J]. Opt. Express, 2009, 17(5): 3052-3062.

[3] 杨慧珍, 李新阳. 成像系统噪声对无波前探测自适应光学校正效果的影响[J]. 中国激光, 2010, 37(10): 2520-2525.

第 15 章　焦斑形态控制

在一些特殊的应用领域，如激光全息照相、激光加工及热处理、珠宝首饰加工、特殊光学材料的制作等，要求激光光束呈方形均匀空间分布，或呈超高斯型空间分布等。但是，根据激光原理可知，一台激光器输出的激光即便不含任何像差，最好情况也只能呈单模的高斯型分布，所以要想得到特定的非高斯分布，必须对激光器的输出光束进行有针对性的整形变换。当自适应光学技术用于光斑整形时，不仅可用于校正波前像差，也有用于焦斑形态控制的可能性。

本章从应用背景出发，基于 61 单元变形镜和 SPGD 控制算法建立仿真平台，讨论无波前探测自适应光学技术用于焦斑形态控制的可能性。

15.1　背景介绍

光斑整形的方法有很多种，如利用具有复杂表面结构的折射器件[1]、具有复杂表面结构的反射器件[2]、衍射光学元件[3]等。面型结构复杂且固定不变的光学元件通过改变光程的方式对激光束光强分布进行调制，但由于其非轴对称的表面面形使得加工难度大并且环境适应性差，难以得到推广。衍射光学元件表面为各种浮雕结构，对光强分布从空间和时间上进行调制。随着现代微细加工技术的发展，加工出的衍射光学元件表面精度非常高，故衍射光学元件的使用较普遍。但这种方法不可避免地在焦面上产生明暗相间的干涉条纹。以上方法存在一个共同的缺点：一个整形器对应一组特定的光束参数，整形器一旦制作完成便不能随着光束参数的变化自动调节。同时由于这些光学元件是静态器件，对含有动态像差的光束不能实现整形。自适应光学系统中用来补偿波前相位的光学元件变形镜[4]为这种应用提供了可能，具有能动可控性是它区别于其他传统光学器件的显著特点。

Nemoto 等[5]最先报道了利用变形镜控制激光强度分布的有效性。曾志革等[6,7]建立了一套基于 37 单元自适应光学系统的整形装置，能够将焦平面上的圆形高斯光束转化为方形分布，且该装置能够闭环运行，但是哈特曼波前传感器的引入增加了系统的复杂性。杨平等[8]基于遗传算法、El-Agmy 等[9]基于模拟退火算法采用无波前探测自适应光学系统进行了光斑整形的研究。但从文献[10]对各种随机并行优化算法在自适应光学系统中应用的比较可知，遗传算法需要调整大量参数，算法实现复杂，且收敛速度相对较慢，而模拟退火算法能否适应光斑整形过程中像差的动态变化还不清楚。本章提出采用随机并行梯度下降算法控制变形镜驱动电压，以减小实际光斑与目标光斑之间的差异，这种技术与基于遗传算法和模拟退火算法的光束整形技术相似，不需要事先知道待整形光束的波前相位信息，而是利用一个 CCD 相机测量光束经过聚焦透镜形成的焦斑信息，省去了波前传感器测量待整形光束波前相位信息的过程。与上述方法的不同之处在于，随机并行梯度下降算法实现简单、收敛速度快且全局性好。

15.2 焦斑整形仿真模型

基于随机并行梯度下降控制算法的光束整形原理如图 15-1 所示，由 61 单元变形镜、聚焦透镜、CCD 及随机并行梯度下降控制算法组成。其中 $\alpha(x,y)\exp(\mathrm{i}\phi_0(x,y))$ 为光波初始复振幅，$\alpha(x,y)$ 为振幅，$\phi_0(x,y)$ 为初始相位，$m(x,y)$ 为变形镜生成的面形，即变形镜对波前相位的贡献。采用变形镜进行光束整形的原理是对已知瞳面光波的复振幅 $\alpha(x,y)\exp(\mathrm{i}\phi_0(x,y))$ 加入一个由变形镜面形产生的相位 $m(x,y)$，从而实现对入射复振幅的调制，以产生所需的焦面光强分布。随机并行梯度下降控制算法根据实际光斑和目标光斑之间的差异，以迭代方式搜索使变形镜产生所需面形的驱动信号，将带有初始波前畸变（或平面波）的焦斑形状整形为高斯或超高斯光斑，其中目标光斑的相关数据事先计算出并在计算机中存储。仿真中所使用的 61 单元变形镜见第 6 章的图 6-2，各驱动器之间呈三角形排布。

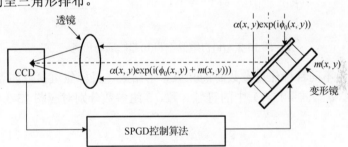

图 15-1　焦斑整形仿真模型框图

目标光斑按照下式计算，即

$$J_{\text{object}} = \exp[-(a(x-x_0))^{2p} - (b(y-y_0))^{2q}] \tag{15-1}$$

式中，a、b 为直角坐标系中决定 x、y 两个正交方向上光斑宽度的参数；p、q 为决定目标光斑阶数的实数；x_0、y_0 为目标光斑的质心坐标，可以用质心法求得。把待整形光束对应的远场焦斑信号 $J_{\text{DM}}(x,y)$ 与目标光斑信号 J_{object} 在对应像素点上作绝对差运算，绝对差运算的均方根作为随机并行梯度下降算法要优化的性能指标，即目标函数，以 J 表示为

$$J = \sqrt{\sum_x \sum_y (J_{\text{object}}(x,y) - J_{\text{DM}}(x,y))^2} \tag{15-2}$$

优化的方向是使目标函数 J 趋于极小。

15.3 焦斑整形结果与分析

依据仿真模型使用 MATLAB 编写基于随机并行梯度下降算法的光束整形程序，变形镜不用于倾斜校正，因此未考虑倾斜项。待校正像差由前 10 阶 Zernike 多项式随机生成，3~10 阶系数为：$Z(3) = 1.288$，$Z(4) = 0.5$，$Z(5) = -0.4$，$Z(6) = 0.5$，$Z(7) = -0.28$，$Z(8) = -0.25$，$Z(9) = 0.22$，$Z(10) = -0.1$，与实际情况相对应，低阶像差占主要分量。原始畸变波前和校前远场光斑如图 15-2(a)和图 15-2(b)所示。为比较仿真结果，每次都以该焦斑作为仿真过程的初始焦斑。

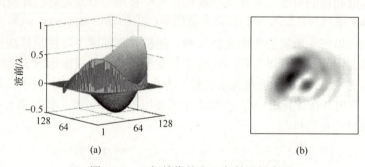

图 15-2 (a)初始像差和(b)起始远场焦斑

图 15-3 为不同目标焦斑参数时的光束整形结果，目标焦斑参数如表 15-1 所示，参数 a、b、p、q 与式（15-1）中的符号一致，3 组参数分别对应图 15-3 中从左到右的 3 种情况。

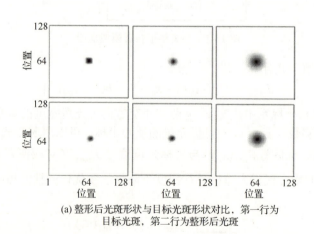

(a) 整形后光斑形状与目标光斑形状对比，第一行为
目标光斑，第二行为整形后光斑

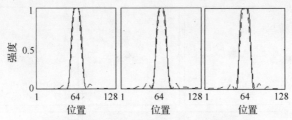

(b) 整形后光斑中心截面与目标光斑中心截面对比，
实线和虚线分别对应目标光斑和整形后光斑

图 15-3　整形后光斑形状和目标光斑形状、中心截面对比。目标光斑参数见表 15-1

表 15-1　图 15-3 中目标焦斑对应的参数

	a	b	p	q
例 1	0.1	0.1	2	2
例 2	0.2	0.1	2	2
例 3	0.2	0.1	3	3

图 15-4 给出了表 15-1 中三种情况的整形过程的目标函数变化曲线。

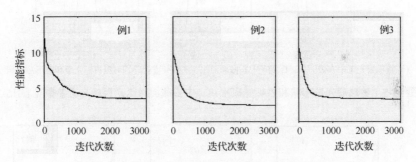

图 15-4　表 15-1 中三种情况下的目标函数变化曲线

图 15-5 给出了目标焦斑为对称光斑时的整形结果。目标焦斑参数见表 15-2，3 组参数分别对应图 15-5 中从左到右的 3 种情况。

表 15-2　图 15-5 中目标焦斑对应的参数

	a	b	p	q
例 1	0.2	0.2	2	2
例 2	0.2	0.2	1	1
例 3	0.1	0.1	1	1

图 15-6 为表 15-2 中三种情况分别对应的整形过程中的目标函数变化曲线。

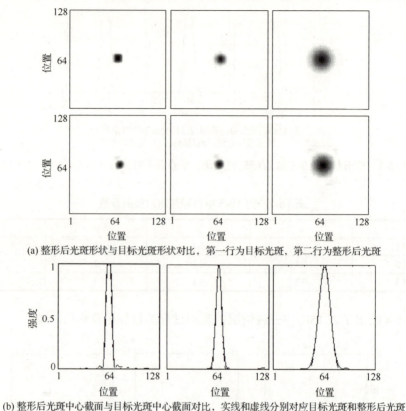

(a) 整形后光斑形状与目标光斑形状对比，第一行为目标光斑，第二行为整形后光斑

(b) 整形后光斑中心截面与目标光斑中心截面对比，实线和虚线分别对应目标光斑和整形后光斑

图 15-5　整形后光斑形状和目标光斑形状、中心截面对比。目标光斑参数见表 15-2

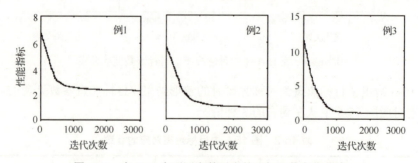

图 15-6　表 15-2 中不同参数对应的目标函数变化曲线

　　图 15-3(a)和图 15-5(a)中的第一行分别为不同参数时的目标焦斑；第二行为对应的整形结果；图 15-3(b)和图 15-5(b)为对应的目标焦斑（实线）和整形结果（虚线）的中心截面曲线对比；图 15-4 和图 15-6 分别为相应的目标函数 J 在算法执行过程中的变化曲线。从整形结果来看，对称的高斯或超高斯目标光斑比非对称光斑易于获得，如不同半径时圆形光斑的整形效果稍好于长方形光斑；方形或圆形目标光斑阶数高时

的整形结果稍差于阶数低时的整形效果，如图 15-3(a)中第二列和第三列的情形以及图 15-5(a)中第一列和第二列的情形。造成这种现象的原因可以归结为所使用的变形镜的变形能力，因为目标光斑的阶数越高，所需要的相位调制量越大，而大的相位调制量则可能超出变形镜的变形能力。从图 15-4 和图 15-6 可以看出，经过一定次数的迭代后，算法基本收敛到全局极值附近，将带有初始像差的弥散焦斑有效地整形为不同参数的高斯或超高斯光斑。

15.4 本章小结

本章提出了一种基于随机并行梯度下降控制算法的自适应光束整形方法，并使用 61 单元变形镜建立了自适应光束整形仿真模型。仿真结果表明，该系统不但能够消除系统中由于各种原因所带来的像差，而且可以得到不同参数的高斯或超高斯光斑，从而为该项技术在相关领域的应用研究提供了理论依据。但是当目标光斑的阶数较高时，焦斑的整形效果差于低阶超高斯光斑，当目标光斑形状非对称时，其整形效果差于对称光斑。针对特定需要，发展特定用途的变形镜也许有助于这个问题的解决。

参 考 文 献

[1] Ogland J W. Mirror system for uniform beam transformation in high-power annular lasers[J] Appl. Opt., 1978, 17: 2913-2917.

[2] Shafer D. Gaussian to flat-top intensity distributing lens[J]. Opt. Laser Technol., 1982, 3: 159-160.

[3] Roberts N C. Multilevel computer-generated holograms with separable phase functions for beam shaping[J]. Appl. Opt., 1992, 31(7): 3120-3198.

[4] 凌宁. 自适应光学波前校正器[J]. 光学技术, 1998, 3: 12-16.

[5] Nemoto K, Fujii T, Goto N, et al. Transformation of a laser beam intensity profile by a deformable mirror [J]. Opt. Lett. , 1996, 21(3): 168-170.

[6] 曾志革. 激光束焦斑形态控制的技术研究[D]. 上海: 中国科学院上海光学精密机械研究所, 1998.

[7] Zeng Z G, Ling N, Jiang W H. The investigation of controlling laser focal profile by deformable mirror and wave-front sensor[J]. Journal of Modern Optics, 1999, 46(2): 341-348.

[8] Yang P , Liu Y, Yang W, et al. An adaptive laser beam shaping technique based on a genetic algorithm[J]. Chinese Optics Letters, 2007, 5(9): 497-500.

[9] El-Agmy R, Bulte H, Greenaway A H, et al. Adaptive beam profile control using a simulated annealing algorithm[J]. Opt. Express, 2005, 13(16): 6085-6091.

[10] Yang H Z, Li X Y. Comparison of several stochastic parallel optimization algorithms for adaptive optics system without a wavefront sensor[J]. Optics & Laser Technology, 2011, 43(3): 630-635.

第 16 章 激光器光束净化

基于第 9 章和第 10 章的工作基础，本章将优化随机扰动电压的 SPGD 算法用于一套激光器光束净化自适应光学系统中，中国科学院光电技术研究所的王彩霞用硬件实现了上述算法，FPGA 硬件部分请参考本书第 6 章。

16.1 基于 SPGD 算法的激光光束净化自适应光学系统

基于 SPGD 算法的激光光束净化自适应光学系统如图 16-1 所示，系统主要包括变形镜、倾斜镜、成像透镜、CCD、高速处理机、高压放大器和工控机。系统的闭环原理为：激光光束先后经过变形镜和倾斜镜反射后聚焦成像；高速处理机读取 CCD 图像数据，并计算出系统目标函数和图像质心位置，然后根据 SPGD 控制算法和比例积分控制算法计算出变形镜和倾斜镜的校正信号，并输出到高压放大器；校正信号经放大后驱动变形镜和倾斜镜完成对激光光束的净化；工控机与高速处理机之间相互通信，设置高速处理机的参数，从处理机中读取闭环数值，实时监控处理机的工作状态。

系统采用中国科学院光电技术研究所自行研制的 19 单元变形镜，驱动器排布如图 16-2 所示，驱动器间距为 12mm，激光光束直径为 34mm；CCD 帧频为 470~500Hz，128×128 像素，像素深度为 14 位。高速处理机主要是由 FPGA 和 DSP 组成的硬件电路，主要完成 SPGD 算法和比例积分算法。

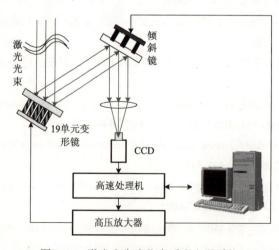

图 16-1 激光光束净化自适应光学系统

图 16-2 19 单元变形镜驱动器排布

变形镜采用图 9-3(a)所示的优化随机扰动电压 SPGD 算法；倾斜镜采用式（10-1）的比例积分控制算法。系统每秒完成 150～160 次 SPGD 校正，迭代流程可以参考第 6 章的图 6-5。由于实验时间等限制因素，本实验中 SPGD 算法采用的系统目标函数为像清晰度函数 $J = \iint I^2(x,y)\mathrm{d}x\mathrm{d}y$。

16.2 光束净化数据及分析

利用 Zernike 模式法优化随机扰动电压时，首先需要分析待校像差的 Zernike 模式统计特性 $p(E(|\boldsymbol{b}|))$，其中 $\boldsymbol{b}$ 表示像差的 Zernike 系数。由于光束净化系统中没有波前测量器件，所以只能根据开环远场图像结合经验估计激光光束像差的成分。

当自适应光学系统开环时，采集到的远场长曝光图像如图 16-3 所示。利用 3～9 阶 Zernike 像差的组合仿真该远场，仿真得到的远场如图 16-4 所示，对应的 Zernike 系数如图 16-5(a)所示。

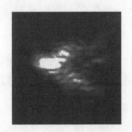

图 16-3　远场长曝光图像　　　图 16-4　模拟的远场图像

可以看出，除了一些细节外，图 16-3 与图 16-4 的轮廓较相似。因此，利用图 16-5(a)确定入射光束像差的统计特性 $p(E(|\boldsymbol{b}|))$，如图 16-5(b)所示。

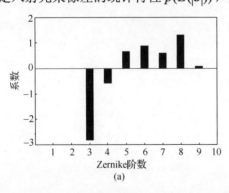
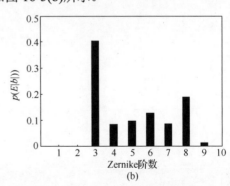

图 16-5　(a)模拟远场对应的 Zernike 系数和(b)模拟远场对应的模式比例 $p(E(|\boldsymbol{b}|))$

根据图 16-5(b)所示的比例系数，采用 3～9 阶 Zernike 模式产生随机扰动电压实现 SPGD 算法控制变形镜，同时倾斜镜闭环，得到的远场长曝光图像如图 16-6 所示。经计算,自适应光学系统开环时,远场长曝光图像的峰值约为 256,衍射极限倍数 $\beta = 4.36$;闭环后,远场长曝光图像的峰值约为 3460,衍射极限倍数 $\beta = 1.73$。

图 16-6　闭环得到的远场长曝光图像

需要说明的是,该光束净化自适应光学系统倾斜镜没有出现高频谐振现象。由此进一步说明:通过 Zernike 模式法优化随机扰动电压,能够使得变形镜和倾斜镜的控制完全解耦,与第 9 章和第 10 章的相关分析基本一致。

16.3　本章小结

本章在第 9 章和第 10 章的基础上,将基于 SPGD 算法的无波前探测自适应光学系统用于激光器光束净化应用中。通过优化随机扰动电压实现倾斜镜和变形镜的解耦控制,成功实现了化学激光器的光束净化。

第 17 章 光纤激光相干合成系统仿真

受限于光纤激光器自身的非线性效应、热效应、模式不稳定等物理因素的制约，激光功率的提升是十分困难的。其中，光纤激光的光束质量与激光功率又是一对矛盾体。为了同时获得高功率密度、高光束质量的光纤激光输出，相干合成技术已被公认为最有效的方法之一。光纤激光的相干合成，是指通过控制多路低功率合成激光的波长、相位和偏振态，使其步调一致并满足相干条件，用"化整为零"的方法拼接为一束大口径、高功率的激光束。在激光大气传输、自由空间光通信、激光雷达等领域有着广阔的应用前景。

基于 SPGD 算法的主动式光纤激光相干合成技术是当前研究热点之一。2011 年，国防科学技术大学光电学院报道了 1.14kW 输出功率的九路光纤激光相干合成[1]。同年，美国林肯实验室报道了八路光纤激光相干合成，获得了 4kW 的输出功率[2]。近年来，中国科学院自适应光学重点实验室的李新阳、耿超等围绕基于新型光纤自适应光学校正器的主动式相干合成技术展开了一系列研究工作[3-6]。

SPGD 算法在光纤激光相干合成中校正相干组束间活塞像差的能力，已经被大量理论和实验验证。近年来，Vorontsov 等通过实验证明了 SPGD 算法可以用于相干合成中同时校正组束间的活塞和倾斜像差[7-9]，其中的倾斜校正器件是自适应光纤准直器（adaptive fiber-optic collimator，AFOC）[4,5,9]，但是缺乏对如何发挥算法最优性能的进一步探讨。而基于 SPGD 算法的灵活性以及目标函数的多样性，应该还有其他类型的基于 SPGD 算法的系统结构可以实现相干合成。本章介绍用于相干合成的新型光纤自适应光学校正器，重点针对基于 SPGD 算法的相干合成系统进行探讨，并提出一种同时优化总体性能指标和局部性能指标的光纤激光相干合成方案。

17.1 新型光纤自适应光学校正器简介

光纤激光相干合成技术中，可以将整体波前像差分解至每个子孔径，通过对子孔径处低阶像差（活塞、倾斜）的控制，拟合出共轭波前，实现对波前像差的校正。这里介绍两种像差校正器——压电式光纤相位调制器和自适应光纤准直器，它们分别被用于单元光束活塞相位和倾斜相位的控制。

17.1.1 压电式光纤相位调制器

压电式光纤相位调制器是相干合成中的锁相元件[6]，结构如图 17-1 所示。其工作原理可表述为：一段光纤缠绕在压电陶瓷环上，当陶瓷环受到沿径向的驱动电压作用时，由于逆压电效应，引起环壁厚度变化，从而改变了缠绕在其上的光纤长度，即改变了光纤中传播的光信号的光程，达到相位调制的目的。与常用的 $LiNbO_3$ 光纤相位调制器相比，压电式光纤相位调制器具有较低的插入损耗，可承受较高的输入光功率，使得相干合成系统更加紧凑和稳定。压电式光纤相位调制器在相干测量、光纤传感、光纤通信等领域也有着重要的应用价值。

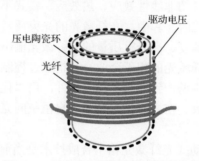

图 17-1　压电式光纤相位调制器结构图

17.1.2　自适应光纤准直器

激光的自由空间通信、相干合成、激光传输、激光定位等领域是当前研究热点，在其相应的光学系统中，需要能使光束受控从而产生快速、小角度变化的器件。传统校正光束倾斜的方法是使用高速倾斜反射镜，其机械谐振频率相对较低，在对控制带宽要求较高的情况下不易实现。自适应光纤准直器是一种快速、高精度地调节出射准直激光束偏转角度的新型无源光纤器件，其原理不同于高速倾斜反射镜。AFOC 直接驱动光纤尖端，运动惯性小，机械谐振频率高，结构更加紧凑，有利于阵列化集成。

2005 年和 2011 年，美国陆军研究实验室的 Beresnev 等[9]和中国科学院自适应光学重点实验室的耿超等[4]分别独立研制出了该类器件。AFOC 由基座、两对双压电驱动器、带中心孔的柔性十字梁和准直透镜组成，结构如图 17-2 所示。光纤端面固定于十字梁的中心，由在 X、Y 方向布置的两对双压电驱动器驱动，在准直透镜的焦平面

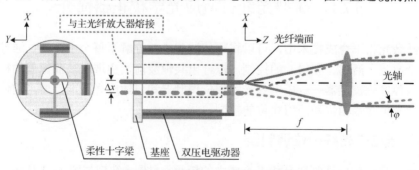

图 17-2　自适应光纤准直器原理图

内平移。出射光束经透镜准直后产生方向上的变化。准直透镜的焦距为 f，光纤端面在焦平面内沿 X 轴（或/和 Y 轴）偏移 Δx，则出射激光相对于光轴的偏转角度 $\varphi = \arctan(\Delta x / f)$，由于偏转角度很小，近似为 $\varphi \approx \Delta x / f$。当准直透镜的焦距 f 确定后，偏转角 φ 的大小将取决于光纤端面的偏移量 Δx。

17.2 一种基于 SPGD 算法的光纤激光相干合成系统模型

17.2.1 特殊的畸变波前

这里引入一种针对锁相控制和倾斜校正的特殊畸变波前，该波前不含高阶像差，仅由平移像差和倾斜像差组成。不失一般性，仿真对象选择呈六角密排结构的七路相干组束，波长设为 1064nm，圆形子光束的口径为 20mm，近场光束阵列的填充因子为 1。这种结构也是所期望能在主振荡-功率放大（MOPA）系统中实现的结构。为了简便，定义单光束波前为平面波。

在出射端，单元光束的复振幅为

$$\vec{A}_j = \exp\left\{i\left[\theta_j + \vec{k}_j \cdot (\vec{r} - \vec{r}_j)\right]\right\}, \quad |\vec{r} - \vec{r}_j| \leq R, \quad j = 1, 2, \cdots, 7 \qquad (17\text{-}1)$$

式中，θ_j 为单元光束的活塞相位；$\vec{k}_j$ 为单元光束的波矢（包含倾斜像差的信息）；$\vec{r}_j$ 为单元光束的中心位置；R 为单元光束的半径。

考虑到相干组束的整体倾斜，出射平面光波的复振幅为

$$\vec{A} = \exp[i(\vec{K} \cdot \vec{r})] \times \sum_{j=1}^{7} \vec{A}_j \qquad (17\text{-}2)$$

式中，$\vec{K}$ 为出射光波的整体波矢。

这样，相干组束的波前畸变由各单元光束间的活塞像差、各单元光束间的倾斜像差以及出射光波整体的倾斜像差构成。随机生成一组初始波前数据如下。

（1）单元光束的活塞相位 $\theta = \{-1.0043; -1.8268; -0.7318; 1.6091; 3.0662; 2.2558; 2.6858\}$ rad。

（2）单元光束的波矢 $\vec{k} = 10^{-4} \times \{-0.3402+j0.0847; 0.3915+j0.2138; 0.2473+j0.0550; 0.4643+j0.2923; -0.4405-j0.4363; 0.2753-j0.0278; 0.0034+j0.3581\}$。

（3）出射光波整体的波矢 $\vec{K} = 10^{-4} \times (0.4 - j0.4)$。

图 17-3 和图 17-4 分别为出射光束的静态畸变波前和远场光斑形态。由图可知，近场波面是不连续的，PV 值大于 15rad，波前在组束间的过渡区域发生跳变，单元光束的波前为倾斜平面且有高有低；远场光斑破碎为多个主瓣，且偏离了远场的中心位置，峰值斯特列尔比小于 0.15，相干合成效果很差。对于这种畸变波前的校正，变形反射镜是不合适的，变形镜的变形量较小，也很难形成相应的共轭面形。在这种情况

下,利用分立元件(如分块反射镜、相位调制器阵列、AFOC 阵列以及它们之间的组合)更加合适。

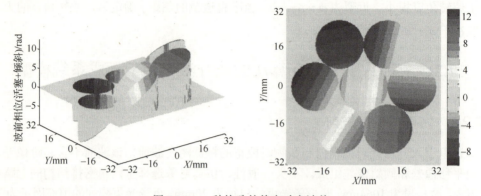

图 17-3　一种特殊的静态畸变波前

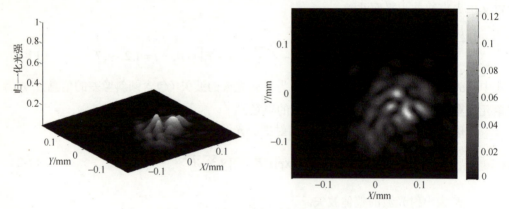

图 17-4　相干组束的远场光斑形态

17.2.2　基于总体目标函数和局部目标函数的相干合成模型

对于 17.2.1 节的特殊波前,可以选择相位调制器校正活塞像差,选择 AFOC 校正倾斜像差,这样分而化之,有望将畸变波前转化为平面或台阶状(2π 的整数倍关系)。

总体目标函数(global metric)是对系统性能的综合评价,也是最受关注的指标。相干合成中一般选择桶中功率(power-in-the-bucket,PIB)作为总体目标函数。当组束间仅存在活塞像差时,远场光斑弥散,能量分散,导致 PIB 减小。因此,PIB 与组束间的活塞像差有着密切关系。这里选择总体目标函数作为锁相的目标函数。

单元光束的倾斜会使远场光斑偏离理想位置,如果用位敏探测器(position sensitive detector,PSD)获取光斑的远场位置,则可将实际位置与目标位置的距离作为倾斜校正的目标函数,即

$$J_{\text{tilt}}(v_x, v_y) = |\vec{r} - \vec{r}_0| \qquad (17\text{-}3)$$

式中，(v_x, v_y) 为 AFOC 的两路控制电压；$\vec{r}$ 为光斑在 PSD 上的实际位置；$\vec{r}_0$ 为光斑的目标位置（需事先标定）。

将单元光束的倾斜校正思想扩展到阵列光束，则可用 PSD 阵列作为倾斜校正的性能指标模块，如图 17-5 所示。PSD 阵列关注的是局部性能，因此将其获得的性能指标称为局部性能指标（local metrics）。

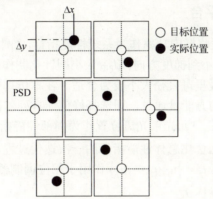

图 17-5 PSD 阵列获取局部目标函数的原理

一种同时优化总体目标函数和局部目标函数的七路光纤激光相干合成系统模型如图 17-6 所示[3]。总体目标函数用于锁相过程，局部目标函数用于倾斜校正过程。具

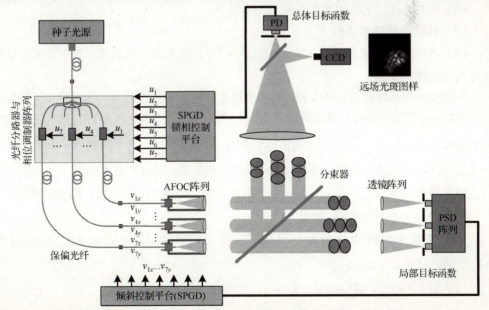

图 17-6 基于总体与局部目标函数的光纤激光相干合成模型

体模型为种子激光经保偏光纤连接到光纤分束器和相位调制器阵列,再经保偏光纤连接到 AFOC 阵列,七路激光准直输出;利用分光棱镜将出射光束分为两部分:一部分经远场变换透镜合束,通过针孔到达光电探测器(PD),PD 获得总体目标函数,用于 SPGD 算法锁相平台,产生七路锁相信号,控制相位调制器阵列实现锁相;另一部分经过七单元透镜阵列成像至相应的七单元 PSD 阵列,PSD 阵列获得局部目标函数,用于 SPGD 算法倾斜控制平台,产生 14 路倾斜控制信号,控制 AFOC 阵列实现倾斜校正。

17.2.3 SPGD 算法平台

在相干合成中,一般将桶中功率作为系统性能指标,"圆桶"直径 d_{PIB} 的选择十分关键。d_{PIB} 太大算法搜索不到梯度方向;d_{PIB} 太小则针孔制作困难,且透过的光功率不足;将 d_{PIB} 设置为远场爱里斑直径大小较为合适。在本仿真中为了简便,令 PD 前的针孔只能让远场中心处的光能量通过,即选择峰值斯特列尔比作为总体性能指标 J;选择 PSD 阵列探测到的各单元光束光斑位置作为局部性能指标 $\vec{J}_{\text{loc}}$。

双向扰动 SPGD 算法优化总体性能指标的一次迭代过程如下。

(1) 将 7 路电压信号 $\vec{U} = \{u_1, u_2, \cdots, u_7\}$ 作用于相位调制器阵列。

(2) 获取总体性能指标 J。

(3) 随机生成一组呈伯努利分布的微小电压增量 $\Delta \vec{U} = \{\Delta u_1, \Delta u_2, \cdots, \Delta u_7\}$。

(4) 将 $\vec{U}_+ = \vec{U} + \Delta \vec{U}$ 作用于相位调制器阵列。

(5) 获取总体性能指标 J_+。

(6) 将 $\vec{U}_- = \vec{U} - \Delta \vec{U}$ 作用于相位调制器阵列。

(7) 获取总体性能指标 J_-。

(8) 将电压信号更新为 $\vec{U} = \vec{U} + \gamma \Delta \vec{U}(J_+ - J_-)$,进入下一次迭代。其中,$\gamma$ 为总体性能指标的增益系数。

局部性能指标针对单元光束的倾斜控制而言,需事先在 PSD 阵列上标定出无倾斜时各光斑的中心位置,中心位置向量为 $\vec{R}^0 = \{\vec{r}_1^0, \vec{r}_2^0, \cdots, \vec{r}_7^0\}$。令各光斑在 PSD 阵列上的实际位置向量为 $\vec{R} = \{\vec{r}_1, \vec{r}_2, \cdots, \vec{r}_7\}$,则局部性能指标 $\vec{J}_{\text{loc}} = \{j_1, j_2, \cdots, j_7\}$,其中 $j_i = |\vec{r}_i - \vec{r}_i^0|$,$i = 1, 2, \cdots, 7$。双向扰动 SPGD 算法优化局部性能指标的一次迭代过程如下。

(1) 将电压向量 $\vec{V}_x = \{v_{1x}, v_{2x}, \cdots, v_{7x}\}$ 和 $\vec{V}_y = \{v_{1y}, v_{2y}, \cdots, v_{7y}\}$ 作用于 AFOC 阵列。

(2) 获取局部性能指标 $\vec{J}^{\text{loc}}$。

(3) 随机生成两组呈伯努利分布的微小电压扰动 $\Delta \vec{V}_x = \{\Delta v_{1x}, \Delta v_{2x}, \cdots, \Delta v_{7x}\}$ 和 $\Delta \vec{V}_y = \{\Delta v_{1y}, \Delta v_{2y}, \cdots, \Delta v_{7y}\}$。

(4) 将 $\vec{V}_{x+} = \vec{V}_x + \Delta \vec{V}_x$ 和 $\vec{V}_{y+} = \vec{V}_y + \Delta \vec{V}_y$ 作用于 AFOC 阵列。

(5) 获取局部性能指标 $\vec{J}_+^{\text{loc}}$。

(6)将 $\vec{V}_{x-} = \vec{V}_x - \Delta\vec{V}_x$ 和 $\vec{V}_{y-} = \vec{V}_y - \Delta\vec{V}_y$ 作用于 AFOC 阵列。

(7)获取局部性能指标 $\bar{J}_-^{loc}$。

(8)将电压信号更新为 $\vec{V}_x = \vec{V}_x - \gamma^{loc}\Delta\vec{V}_x(\bar{J}_+^{loc} - \bar{J}_-^{loc})$ 和 $\vec{V}_y = \vec{V}_y - \gamma^{loc}\Delta\vec{V}_y(\bar{J}_+^{loc} - \bar{J}_-^{loc})$，进入下一次迭代。其中，$\gamma^{loc}$ 为局部性能指标的增益系数。

17.3 仿真结果与分析

仿真实验中，用 MATLAB 软件建立了 17.2 节的相干合成模型，采用快速傅里叶变换（fft2 函数和 fftshift 函数）实现了从近场光束阵列（远场变换透镜前表面）到合成光斑（远场）的转换。通过对 SPGD 算法总体增益系数和局部增益系数的合理设置，实现总体目标函数的收敛。在模型中，包括总体目标函数优化和局部目标函数优化两个过程，它们可以同时运行，也可以单独运行。需要强调的是，局部目标函数关心的仅仅是局部信息，而总体目标函数达到最终极值也就预示了局部目标函数的收敛。所以，在评价系统性能时只关注总体目标函数。

17.3.1 SPGD 算法增益系数分析

在 SPGD 算法中，增益系数的选择决定了算法的收敛速率与精度。本模型中有两个增益系数：总体增益系数 γ 和局部增益系数 γ^{loc}。为了使算法稳定运行，必须先解决增益系数的选择问题。这里，让总体性能指标和局部性能指标同时优化，先尝试选择两个参数让算法能收敛，再固定其中一个改变另一个，寻找增益系数的最优值。

首先讨论总体增益系数 γ 的最优化。固定 γ^{loc} 为 0.15，让 γ 从 0.5 变化到 6.0，每隔 0.5 步长进行一次仿真实验，每次实验运行程序 10 次后取平均，如图 17-7 所示。其中，纵坐标为总体性能指标 J，即远场光斑的峰值斯特列尔比。

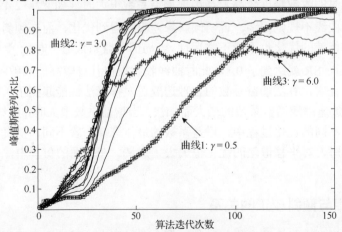

图 17-7 总体增益系数对控制能力的影响分析

由图 17-7 可知,当总体增益系数很小时(如 $\gamma = 0.5$),SR 的收敛速率很慢,约 150 次迭代后才达到理论极值,但曲线非常平滑,说明算法的收敛精度很高。当总体增益系数很大时(如 $\gamma = 6.0$),曲线最终只能达到局部极值,且不规则振荡,这说明算法的收敛精度很差。当总体增益系数适中时(如 γ 从 2.5 到 3.5),程序能很好地运行,曲线收敛较快且平滑,此时算法有较快的优化速率和较高的收敛精度。

下面研究局部增益系数 γ^{loc} 的最优化。此时固定 γ 为 0.3,让 γ^{loc} 从 0.6 变化到 3.0,每隔 0.3 步长进行一次仿真实验,每次实验运行程序 10 次后取平均,如图 17-8 所示。其中,纵坐标为远场光斑的峰值斯特列尔比。

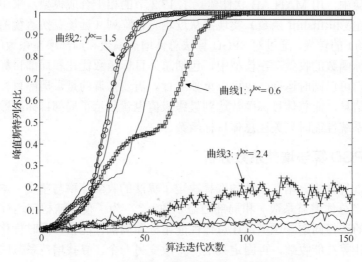

图 17-8 局部增益系数对控制能力的影响分析

由图 17-8 发现,当局部增益系数很小时(如 $\gamma^{loc} = 0.6$),曲线收敛较慢,但数据点连续,说明此时的收敛精度较高。当局部增益系数很大时(如 $\gamma^{loc} = 2.4$),SR 没有实质性的提升,曲线不规则振荡,说明倾斜像差没有得到优化,而在倾斜像差未优化的情况下对平移像差的优化也不能正常运行。当局部增益系数适中时(γ^{loc} 从 1.2 到 1.8),约 40 次迭代后,SR 就达到了 0.8,此时曲线收敛很快且有较高的收敛精度。

上述分析证实,算法增益系数的合理选取对发挥算法性能起到了关键作用。在一定范围内,收敛速率随增益系数的增大而加快;当增益系数很大时,曲线会剧烈振荡,算法不稳定。不同的优化过程中,增益系数的最佳选择一般不同。仿真还发现,当倾斜像差未优化时,对平移像差的优化也失去了意义。在下面的仿真中,γ 取 3.0,γ^{loc} 取 1.5。

17.3.2 锁相与倾斜校正的关系

由于仿真模型中包含两个优化过程,有必要对两个过程的运行顺序进行探讨,以发现光纤激光相干合成中锁相与倾斜校正的关系。下面分三种情况进行仿真实验，每种情况运行 MATLAB 程序 50 遍后取平均，每遍包含 150 个迭代，γ 取 3.0，γ^{loc} 取 1.5。

第一种情况：先优化总体性能指标，再优化局部性能指标。即前 100 次迭代锁相，后 50 次迭代校正倾斜，结果如图 17-9 中曲线 1 所示。经过前 100 次迭代优化总体性能指标后，峰值斯特列尔比与初始情况相比几乎没有变化；而经后 50 次迭代优化局部性能指标后，曲线达到局部极值后保持不变。这说明后 50 次迭代是在一定的活塞像差基础上进行的，即使倾斜像差被校正（SR 达到局部极值），由于活塞像差的存在，峰值斯特列尔比也不能收敛到 1。因此，在没有校正倾斜前，锁相的意义不是很明显；同样，当存在活塞像差时，即使倾斜完全被校正，也不能大幅度地提高峰值斯特列尔比。

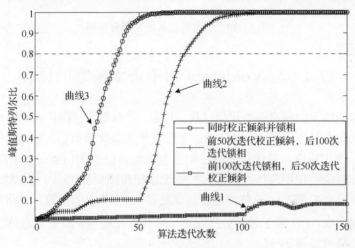

图 17-9　SPGD 算法迭代曲线

第二种情况：先优化局部性能指标，再优化总体性能指标。即前 50 次迭代校正倾斜，后 100 次迭代锁相，结果如图 17-9 中曲线 2 所示。约 25 次迭代后，曲线达到了局部极值，倾斜校正完成，各光束间只存在活塞像差。约 70 次迭代后，SR 达到了 0.8。这说明有活塞像差存在时，倾斜像差可以先被校正；先后校正了倾斜和活塞像差，SR 收敛到了理论极值 1。图 17-10 为优化后的远场光强分布。

第三种情况：同时优化总体和局部性能指标，即同时锁相并校正倾斜，结果如图 17-9 中曲线 3 所示。约 40 次迭代后，SR 就达到了 0.8。这说明活塞和倾斜像差可以同时校正，以提高 SR；与先优化局部性能指标再优化总体性能指标的情况相比，该方法的收敛速度更快。

这组实验说明，在相干合成中，当组束间存在倾斜像差时，必须先校正倾斜或是同时校正倾斜并锁相，才可能大幅度地提高系统性能指标，如果仅仅锁相，则可能让性能指标得到一定的改善，但效果非常有限。所以，在相干合成系统中，低阶像差的校正是以高阶像差校正为基础的。

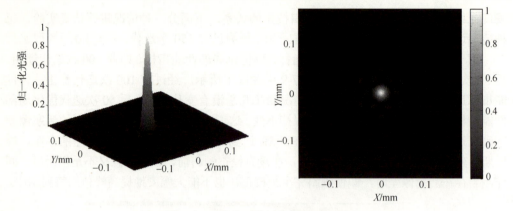

图 17-10　优化后的远场光强分布图

17.4　与 Vorontsov 相干合成模型的比较

前面介绍的模型中包含两个优化过程。其实，对局部性能指标的优化也能在对总体性能指标的优化中得到体现。当总体性能指标收敛到最优极值后，局部性能指标也应该被最优化了。换句话说，总体性能指标中也包含倾斜像差的信息。基于此，Vorontsov 等的七路相干合成中使用总体性能指标来实现锁相和倾斜校正[7,8]，模型如图 17-11 所示。这里去掉了 PSD 阵列，总体性能指标 J 是 $\bar{U}$、$\bar{V}_x$ 和 $\bar{V}_y$ 的函数。七路光经过远场变换透镜在远场合成，PD 置于远场处接收透过针孔的光能量。这时，总体性能指标 J 的控制参数从 7 路增加到 21 路。

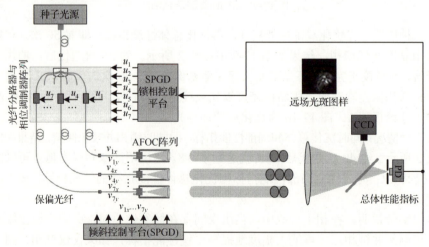

图 17-11　Vorontsov 等的基于总体目标函数的相干合成模型

SPGD 算法优化 SR 的迭代曲线如图 17-12 所示，运行程序 22 次，每条曲线包含

3000次迭代。其中，有2条曲线收敛于局部极值0.5附近；3条曲线收敛于局部极值0.7附近；其余17条曲线收敛于理论极值1附近。曲线1收敛最慢，最后陷入局部极值；曲线2收敛最快，约在350次迭代后SR达到了0.8；曲线3为22条曲线的平均值。由图可知，基于总体目标函数优化的相干合成模型虽然也能将SR收敛至理论极值，但是速率远慢于基于总体和局部目标函数优化的相干合成模型，且重复性很差，容易陷入局部极值。

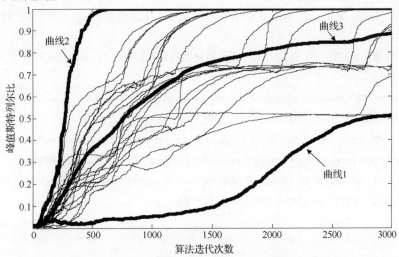

图17-12　SPGD算法优化总体目标函数的迭代曲线

对比表明，在SPGD算法中，随着控制路数的增多，算法的收敛速率下降且容易陷入局部极值；采取多个优化过程可以提高算法的效率，但系统的复杂性会增加。

17.5　本章小结

本章提出了一种针对活塞像差和倾斜像差校正的光纤激光相干合成模型，模型基于SPGD算法运行。针对模型和算法特点，提出了总体目标函数和局部目标函数以及它们的优化过程，分析了算法增益系数的影响，研究了锁相和倾斜校正的关系。仿真结果表明，需要合理地选取算法的增益系数来提高收敛的速率和精度。SPGD算法同时优化总体和局部目标函数可以迅速改善系统性能；基于全局目标函数优化的方案更简洁，但算法校正的难度增加，曲线收敛速率慢，重复性差，容易陷入局部极值。对于存在活塞和倾斜像差的系统，倾斜像差的校正是实现光束间相干合成的关键。

参 考 文 献

[1] Wang X, Zhou P, et al. Active phasing a nine-element 1.14kW all-fiber two-tone MOPA array using SPGD algorithm[J]. Opt. Lett., 2011, 36(16): 3121-3123.

[2] Yu C, Augst S, Redmond S M, et al. Coherent combining of a 4kW, eight-element fiber amplifier array[J]. Opt. Lett., 2011, 36(14): 2686-2688.

[3] Geng C, Li X. Simulation and analysis of laser coherent combining system based on adaptive fiber optics collimator array[J]. Proc. SPIE, 2009, 7506: 75061K.

[4] 耿超, 张小军, 李新阳, 等. 自适应光纤光源准直器的结构设计[J]. 红外与激光工程, 2011, 40(9): 1682-1685.

[5] 刘红梅, 耿超, 罗文, 等. 自适应光纤准直器的谐振特性优化研究[J]. 光学学报, 2014, 13(s1): 99-104.

[6] 罗文, 耿超, 李新阳, 等. 压电式光纤相位调制器相移系数测试[J]. 强激光与粒子束, 2012, 7(7): 1641-1644.

[7] Vorontsov M. Adaptive photonics phase-locked elements (APPLE): System architecture and wavefront control concept[J]. Proc. SPIE, 2005, 5895: 589501.

[8] Liu L, Vorontsov M, Polnau E, et al. Adaptive phase-locked fiber array with wavefront tip-tilt compensation using piezoelectric fiber positioners[J]. Proc. SPIE, 2007, 6708: 67080K.

[9] Beresnev L, Vorontsov M. Design of adaptive fiber optics collimator for free-space communication laser transceiver[J]. Proc. SPIE, 2005, 5895: 58950R.

第18章 倾斜像差对光纤激光相干合成的影响与模拟校正

光纤激光相干合成中基于MOPA结构的主动式方案是当前的研究主流,该结构中控制相位的方法有外差法、多抖动法和SPGD算法等。基于SPGD算法的系统调节简单、结构紧凑、容易实现,更适合可扩展、可定标放大的高能激光系统,越来越受到重视。周朴等利用SPGD算法数值模拟了平移像差对光纤激光相干合成的影响[1]。

目前的光纤激光相干合成系统主要着眼于光束间平移像差的校正。实际上,激光经大气传输会产生动态的倾斜像差,从而对合成效果产生极大影响;在光纤激光阵列的调节过程中,各光束间也不可避免地存在倾斜残差。所以,要进一步提高相干合成效果,必须对光束间的倾斜像差进行校正[2-6]。国外报道了同时补偿光束间平移和倾斜像差的相控阵系统,其中校正倾斜像差的关键器件是自适应光纤准直器[7]。

本章选取不同路数和不同填充因子的合成光束模型,模拟倾斜像差对合成效果的影响。仿真研究MOPA结构中用SPGD算法校正激光阵列间时变倾斜像差的过程,分析合成效果与倾斜像差幅值、频率的关系。

18.1 倾斜像差影响分析

激光阵列传输时受大气湍流扰动产生的光束间动态倾斜像差会改变合成光斑的形状和能量分布。选取几组有代表性的合成光束模型,模拟倾斜像差对相干合成的影响。

18.1.1 模型介绍

假设激光阵列各单元出射光场为高斯光束,出射孔径为圆形。同时假设出射孔径的位置与高斯光束腰斑重合,孔径半径与腰斑半径相同。激光阵列沿Z轴传输,选取$Z=0$的平面为出射孔径位置,各单元的出射光场可表示为

$$\vec{u}_{\text{sub}}(\vec{r}_{\text{sub}}) = A_0(\vec{r}_{0\text{sub}})\exp\left(-\frac{|\vec{r}_{\text{sub}} - \vec{r}_{0\text{sub}}|^2}{a^2}\right)\exp[j\vec{k}_{\text{sub}} \cdot \vec{r}_{\text{sub}} + j\delta_{\text{sub}}^{\text{piston}} + j\sigma_{\text{sub}}^{\text{tilt}}(\vec{r}_{\text{sub}})] \cdot \text{circ}_{\text{sub}}(\vec{r}_{\text{sub}})$$

$$= A_0(x_{0\text{sub}}, y_{0\text{sub}})\exp\left[-\frac{(x_{\text{sub}} - x_{0\text{sub}})^2 + (y_{\text{sub}} - y_{0\text{sub}})^2}{a^2}\right]$$

$$\cdot \exp\left[j(k_{x\text{sub}}x_{\text{sub}} + k_{y\text{sub}}y_{\text{sub}}) + j\delta_{\text{sub}}^{\text{piston}} + j\sigma_{\text{sub}}^{\text{tilt}}(x_{\text{sub}}, y_{\text{sub}})\right] \cdot \text{circ}_{\text{sub}}(x_{\text{sub}}, y_{\text{sub}})$$

(18-1)

式中，a 为腰斑半径；$\vec{k}_{sub}$ 为子光束波矢；δ_{sub}^{piston} 为子光束平移像差；$\sigma_{sub}^{tilt}(\vec{r}_{sub})$ 为子光束倾斜像差；$\vec{r}_{0sub}$ 为子光束中心位置坐标，$circ_{sub}(\vec{r}_{sub})$ 为子光束的孔径函数，且

$$\mathrm{circ}_{sub}(\vec{r}_{sub}) = \begin{cases} 1, & |\vec{r}_{sub} - \vec{r}_{0sub}|^2 \leq a^2 \\ 0, & |\vec{r}_{sub} - \vec{r}_{0sub}|^2 > a^2 \end{cases} \tag{18-2}$$

式中，a 为出射孔径半径。

N 路激光阵列在 $Z=0$ 平面的出射光场为

$$\vec{U} = \sum_{sub=1}^{N} \vec{u}_{sub}(\vec{r}_{sub}) \tag{18-3}$$

根据夫琅禾费衍射理论，远场 $Z=z$ 平面的光场与出射平面处光场的关系为

$$\vec{U}_f(x_f, y_f) = \frac{1}{\mathrm{j}\lambda z} \exp\left(\mathrm{j}\frac{2\pi z}{\lambda}\right) \exp\left(\mathrm{j}\pi \frac{x_f^2 + y_f^2}{\lambda z}\right) F\{\vec{U}(x,y)\}_{f_x = \frac{x_f}{\lambda z}, f_y = \frac{y_f}{\lambda z}} \tag{18-4}$$

式中，λ 为波长；$F\{\}$ 表示傅里叶变换；(x,y)、(x_f, y_f) 分别为出射平面和远场处的横向坐标。

远场的光强分布可表示为

$$I_f(x_f, y_f) = |\vec{U}_f(x_f, y_f)|^2 = \frac{1}{\lambda^2 z^2} \left| F\{\vec{U}(x,y)\}_{f_x = \frac{x_f}{\lambda z}, f_y = \frac{y_f}{\lambda z}} \right|^2 \tag{18-5}$$

选取桶中功率作为算法评价指标，即

$$\mathrm{PIB} = \iint_S I_f(x_f, y_f) \mathrm{d}x_f \mathrm{d}y_f \tag{18-6}$$

而经锁相和倾斜校正后，子光束的相位修正为

$$\exp\left[\mathrm{j}\vec{k}_{sub} \cdot \vec{r}_{sub} + \mathrm{j}\delta_{sub}^{piston} - \mathrm{j}\delta_{sub}^{phase\text{-}locked} + \mathrm{j}\sigma_{sub}^{tilt}(\vec{r}_{sub}) - \mathrm{j}\sigma_{sub}^{tilt\text{-}control}(\vec{r}_{sub})\right] \tag{18-7}$$

式中，$\delta_{sub}^{phase\text{-}locked}$ 为平移像差校正量；$\sigma_{sub}^{tilt\text{-}control}(\vec{r}_{sub})$ 为倾斜像差校正量。

18.1.2 模型选取

子光束口径、激光路数和填充因子是研究相干合成时必须考虑的因素。近场激光阵列的填充因子定义为子光束口径与相邻光束中心距的比，其在 0~1 取值。填充因子越大，合成光斑能量向爱里斑主瓣集中，合成效果越好；反之，效果越差。为了使模型更具普遍性，选取两路、三路和七路激光束，分别按线性排列、三角排列和六角排列参与相干合成，子光束的腰斑半径为 5mm。为了在有限距离观察到夫琅禾费衍射，用远场变换透镜将光束聚焦，透镜焦距为 1m。

图 18-1 是填充因子为 0.26 的激光束近场排布和远场合成光斑图。图 18-1(a)~图 18-1(c)分别为两路、三路和七路激光阵列的近场分布，相邻光束中心距为 38.5mm。

图 18-1(d)～图 18-1(f)分别是理想情况下两路、三路和七路激光的远场合成光斑，其中 PIB_1 为爱里斑半宽圆域内的图样，PIB_2 为爱里斑图样，爱里斑直径分别为 31.8μm、28.3μm 和 17.7μm。

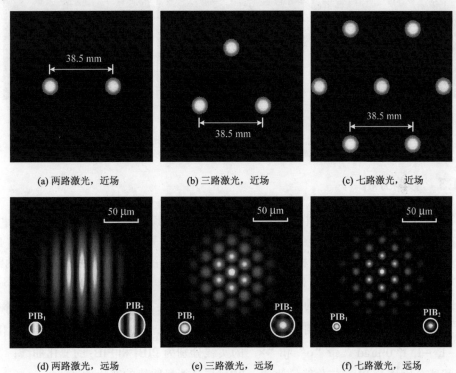

图 18-1　填充因子为 0.26 的激光阵列近场排布和理想远场光斑图

图 18-2 对应填充因子为 1 的情形。图 18-2(a)～图 18-2(c)分别为两路、三路和七路激光的近场排布，相邻光束中心距为 10mm。图 18-2(d)～图 18-2(f)分别为理想情况下两路、三路和七路激光的远场合成光斑，爱里斑直径分别为 77.2μm、71.2μm 和 51.5μm。

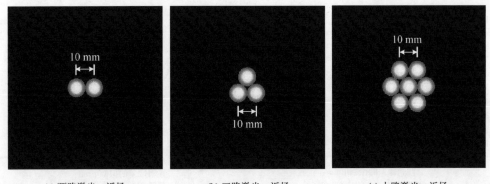

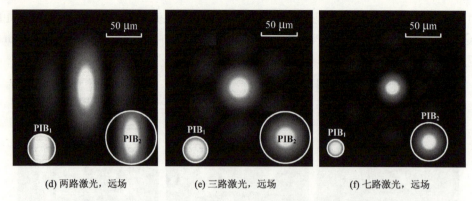

(d) 两路激光，远场 (e) 三路激光，远场 (f) 七路激光，远场

图 18-2 填充因子为 1 的激光阵列近场排布和理想远场光斑图

18.1.3 影响分析

图 18-3 给出了 18.1.2 节中激光模型的合成效果随倾斜像差幅值 σ 的变化规律，左边图的填充因子为 0.26，右边图的填充因子为 1，PIB_1 为爱里斑半宽圆域内的能量，PIB_2 为爱里斑内的能量，小插图为相应 σ 下的远场光斑图。图 18-3(a) 和图 18-3(b) 为两路激光的情形，倾斜像差为 $t_x = \sigma \times \{-1, 1\}\mu rad$，$t_y = \sigma \times \{1, -1\}\mu rad$；图 18-3(c) 和图 18-3(d) 为三路激光的情形，倾斜像差为 $t_x = \sigma \times \{-1, 1, 1\}\mu rad$，$t_y = \sigma \times \{1, -1, 1\}\mu rad$；图 18-3(e) 和图 18-3(f) 对应七路激光，倾斜像差为 $t_x = \sigma \times \{-1, 1, -1, 1, 0, 0, 0\}\mu rad$，$t_y = \sigma \times \{1, 1, -1, -1, -1, 1, 0\}\mu rad$。带"o"和"×"的实线分别为 PIB_1 和 PIB_2 的变化曲线；实线和点状线分别表示 PIB_1 与总能量比值、PIB_2 与总能量比值的变化曲线。

由图 18-3 可知，随着 σ 的增大，相干合成效果变差。σ 较小时，PIB_1 和 PIB_2 曲线几乎重合，随着 σ 的增大，PIB_1 比 PIB_2 下降更快，因此，PIB_1 对 σ 的变化更敏感。仿真中发现，对于两路激光、三路激光和七路激光，当 σ 大于 15μrad 时，PIB_2 下降到 0.8 以下，此时，为了提高合成效果，必须校正倾斜像差。仿真同时表明，对于相同激

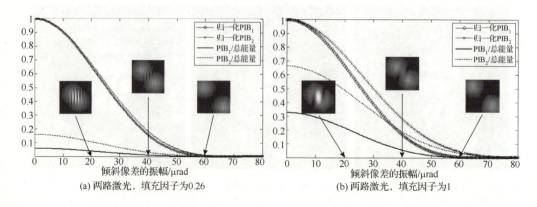

(a) 两路激光，填充因子为0.26 (b) 两路激光，填充因子为1

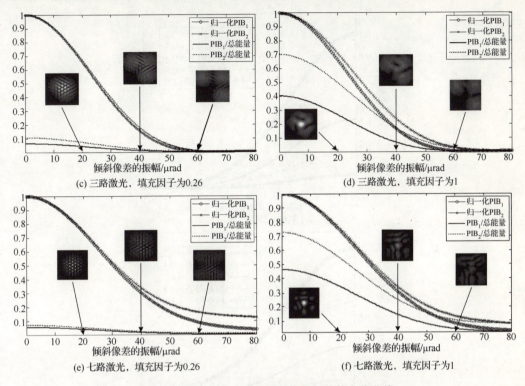

图 18-3 相干合成效果随倾斜像差幅值的变化曲线

光路数的近场排布,填充因子越大合成效果越好(爱里斑内的能量在总能量中的比例越大),因此,填充因子为 1 的结构其实用性远强于填充因子为 0.26 的情形。

图 18-4 研究了不同填充因子的激光阵列中,倾斜像差对相干合成的影响。图 18-4(a)~图 18-4(c)分别为两路、三路和七路激光。由图可知,随着填充因子的增大,爱里斑内

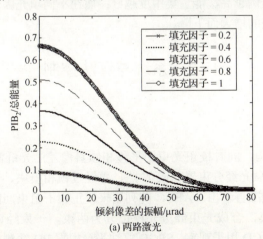

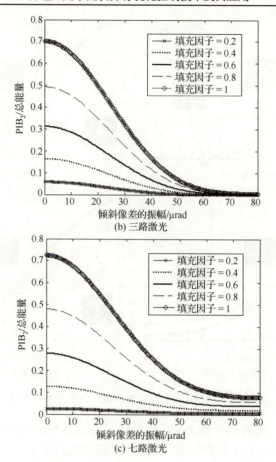

图 18-4 不同填充因子的激光阵列中,倾斜像差对相干合成的影响

能量在总能量中的比例越高,能量集中度越好;而在不同填充因子的结构中,相干合成效果都随倾斜像差的增大而下降。

18.2 系统与算法控制

18.2.1 系统结构

基于 MOPA 结构,同时校正光束间平移和倾斜像差的光纤激光相干合成系统如图 18-5 所示。种子激光经分束器分成 N 路,再经过锁相模块、光纤放大器模块后到达 AFOC,N 路激光准直输出。AFOC 阵列用来校正相干组束间的倾斜像差。准直光经远场变换透镜合束,合成光束经分光棱镜分为两束,一束经针孔到达光电探测器(PD),另一束到达 CCD 用于观察。SPGD 算法平台根据 PD 探测的光强电压产生锁相信号和倾斜控制信号，输出到锁相模块和 AFOC 阵列，实现了光束间平移和倾斜像差的实时校正。

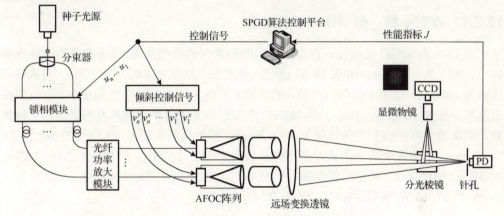

图 18-5　MOPA 结构光纤激光相干合成系统图

18.2.2　SPGD 控制算法

系统采用 SPGD 算法优化性能指标。受限于校正器件性能，锁相模块与倾斜校正模块的执行速率一般不同，但是两个过程可采用相同的性能指标。将通过针孔到达 PD 的光强作为性能指标，$J = J(u_1,\cdots,u_n; v_1^x, v_1^y, \cdots, v_n^x, v_n^y)$，其中 $u_1,\cdots,u_n$ 作用于锁相模块，$v_1^x, v_1^y, \cdots, v_n^x, v_n^y$ 作用于 AFOC。锁相的迭代过程如下。

（1）将 $\vec{U} = \{u_1,\cdots,u_n\}$ 作用于锁相模块，得到 J。

（2）模拟生成一组伯努利分布的随机电压扰动 $\Delta\vec{U} = \{\Delta u_1,\cdots,\Delta u_n\}$。

（3）将 $\vec{U}_+ = \vec{U} + \Delta\vec{U}$ 作用于锁相模块，得到 J_+，再用 $\vec{U}_- = \vec{U} - \Delta\vec{U}$ 得到 J_-。

（4）将锁相信号更新为 $\vec{U} = \vec{U} + \bar{\gamma}_p \Delta\vec{U}(J_+ - J_-)$。

倾斜校正的迭代过程如下。

（1）将 $\vec{V} = \{v_1^x, v_1^y, \cdots, v_n^x, v_n^y\}$ 作用于 AFOC，得到 J。

（2）模拟生成一组随机电压扰动 $\Delta\vec{V} = \{\Delta v_1^x, \Delta v_1^y, \cdots, \Delta v_n^x, \Delta v_n^y\}$。

（3）将 $\vec{V}_+ = \vec{V} + \Delta\vec{V}$ 作用于 AFOC，得到 J_+，再用 $\vec{V}_- = \vec{V} - \Delta\vec{V}$ 得到 J_-。

（4）将倾斜校正信号更新为 $\vec{V} = \vec{V} + \bar{\gamma}_t \Delta\vec{V}(J_+ - J_-)$，其中，$\bar{\gamma}_p = \{\gamma_p,\cdots,\gamma_p\}$，$\bar{\gamma}_t = \{\gamma_t, \gamma_t, \cdots, \gamma_t, \gamma_t\}$ 为算法增益。

18.3　控制特性仿真研究

受限于器件的结构与空间排布，目前相干合成系统的填充因子不高。填充因子为 0.5 的七路激光阵列（六角排列）是相干合成中较常见的结构，而两路激光阵列是所有阵列排布方式的基础。这里选取填充因子为 0.5 的两路激光阵列和七路激光阵列（六角排列）模型来研究系统对倾斜像差的控制特性。

18.3.1 静态平移、倾斜像差模拟校正

图 18-6 为 SPGD 算法校正静态平移和倾斜像差的迭代曲线，每条曲线为运行程序 10 次后的平均。图 18-6(a)和图 18-6(b)分别为两路和七路激光阵列的迭代曲线。设置锁相速率为 100kHz，受限于器件的性能，倾斜校正的速率一般远低于锁相速率，令倾斜校正速率分别为 100kHz、10kHz 和 1kHz，选取远场爱里斑半宽圆域内的能量为目标函数。两路激光阵列的初始平移像差为{0, 2}rad，初始倾斜像差为{18.88, −22.38; 24.35, 24.8}μrad。七路激光阵列的初始平移像差为{0.8316, −2.5287, −1.3917, 0.2946, 2.8746, 2.921, −2.1513}rad，初始倾斜像差为{−21.49, 20.95; −4.69, 26.04; 24.94, 10.72; 17.53, 15.46; 27.57, 14.59; 9.34, −6.47; −27.86, 9.33}μrad。

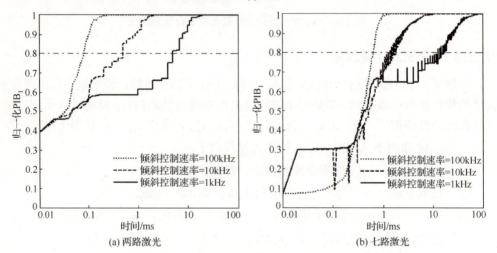

图 18-6　100ms 内，算法校正静态平移和倾斜像差的迭代曲线，锁相速率为 100kHz

由图 18-6 发现，倾斜校正速率与锁相速率相同时，两路、七路激光分别经 0.09ms 和 0.65ms 即可将目标函数提升至 0.8，曲线很平滑；而倾斜校正速率为锁相速率的 1/10 和 1/100 时，迭代曲线为阶梯状，算法的收敛时间受限于倾斜校正的低速率，锁相过程相对于倾斜校正过程可忽略，这种现象随倾斜校正速率越低越明显。

18.3.2 动态倾斜像差模拟校正

激光在大气中传输受湍流扰动的影响，会产生动态的倾斜像差[7]。18.3.1 节指出，当倾斜校正的速率远低于锁相速率时，校正倾斜像差的过程中可忽略锁相的影响，下面假设平移像差已校正。图 18-7 定性给出了 5s 内算法校正两路和七路激光阵列中动态倾斜像差的收敛曲线。其中，倾斜像差最大幅值为 δ，倾斜像差在 $\pm\delta$ 间随机取值。不失一般性，

倾斜像差频率设为33Hz，算法校正倾斜像差的速率为1kHz。选择远场爱里斑半宽圆域内的能量为目标函数。图18-7(a)～图18-7(c)对应两路激光，δ分别为20μrad、40μrad和60μrad，目标函数平均值分别为0.9794、0.9549和0.6357。图18-7(d)～图18-7(f)对应七路激光，δ分别为20μrad、40μrad和60μrad，目标函数平均值分别为0.9417、0.7699和0.3444。由图可知，δ较小时，算法校正效果好，随着δ的增大，曲线的收敛性越来越差。

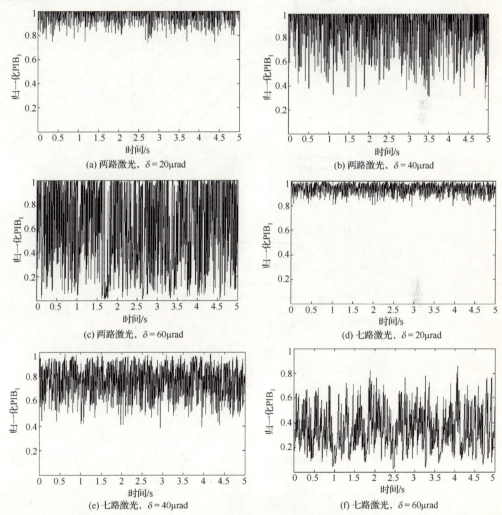

图18-7　5s内，算法校正激光阵列间动态倾斜像差的收敛曲线

图18-8研究了不同倾斜像差最大幅值δ和频率f下，SPGD算法校正倾斜像差的能力。图18-8(a)和图18-8(b)分别对应两路和七路光纤激光相干合成的情形。假设算法校正倾斜的速率为1kHz，δ分别为10μrad、20μrad、30μrad、40μrad、50μrad、60μrad、

70μrad 和 80μrad，f 分别为 25Hz、50Hz、100Hz 和 200Hz，倾斜像差在 ±δ 间随机取值。算法目标函数为远场爱里斑半宽圆域内的能量。图 18-8 中每个点均为运行程序 5s 后所取的目标函数平均值，图中虚线对应开环的情形。仿真结果表明，系统经校正倾斜后的目标函数较未校正时均有改善，本仿真实验中对频率 200Hz 的倾斜像差都具备校正能力；而随着 δ 和 f 的增加，算法校正倾斜的效果都有下降。

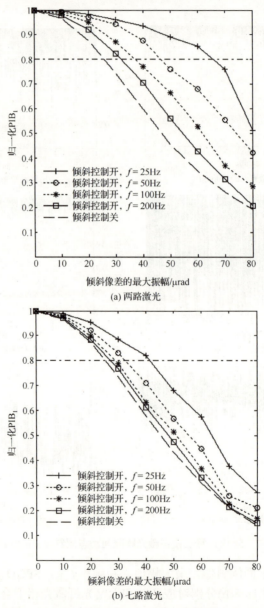

图 18-8　相干合成效果与倾斜像差最大幅值、频率的关系曲线，倾斜控制速率为 1kHz

18.4 本章小结

本章利用不同的合成光束模型,分析了倾斜像差对相干合成的重要影响,证明了在相干合成中倾斜校正的必要性。动态模拟了 MOPA 结构光纤激光相干合成系统中时变倾斜像差的校正过程,分析了 SPGD 算法控制效果与倾斜像差幅值和频率的关系。仿真实验表明,校正倾斜像差后的合成效果较未校正时都有改善,而 SPGD 算法的校正能力随着倾斜像差幅值和频率的增加而降低。

参 考 文 献

[1] 周朴, 马阎星, 王小林, 等. 基于随机并行梯度下降算法光纤放大器相干合成的动态模拟与控制带宽分析[J]. 中国激光, 2009, 36(11): 2972-2977.

[2] 耿超, 李新阳, 张小军, 等. 倾斜相差对光纤激光相干合成的影响与模拟校正[J]. 物理学报, 2011, 60(11): 114202.

[3] Goodno G, Shih C, Rothenberg J. Perturbative analysis of coherent combining efficiency withmismatched lasers[J]. Opt. Express, 2010, 18(24): 25403-25414.

[4] Goodno G, Weiss S. Automated co-alignment of coherent fiber laser arrays via active phase-locking[J]. Opt. Express, 2012, 20(14): 14945-14953.

[5] Geng C, zhao B, zhang E, et al. 1.5kW incoherent beam combining of four fiber lasers using adaptive fiber-optics collimators[J]. IEEE Photon. Tech. Lett., 2013, 25(13): 1286-1289.

[6] 耿超, 谭毅, 牟进博, 等. 多单元光纤激光阵列的倾斜控制实验研究[J]. 物理学报, 2013, 62(2): 024206.

[7] Lachinova S, Vorontsov M. Performance analysis of an adaptive phase-locked tiled fiber array in atmospheric turbulence conditions[J]. Proc. SPIE, 2005, 5895: 589500-1-589500-14.

第 19 章 基于倾斜控制的光纤激光相干合成实验

光纤激光相干合成技术被公认为实现高亮度、高光束质量激光束的优秀方法,而激光阵列间的倾斜像差是影响合成效果的重要因素。事实上,激光经大气传输会产生倾斜像差[1],在光纤激光阵列的调节过程中,也不可避免地存在倾斜残差[2-5]。调节机构的引入导致光学系统庞大,激光阵列无法紧密排列,从而影响了光束合成质量。所以,要进一步提高光纤激光相干合成的效果,必须对光束间的倾斜像差进行校正。

本章介绍中国科学院自适应光学重点实验室基于倾斜控制的光纤激光相干合成研究工作。针对当前光束合成中存在的倾斜校正量受限问题,分别在 19.1 节和 19.2 节提出了基于自适应桶中功率评价函数和基于远场发散角评价函数的倾斜控制策略[6],并利用压电光纤相位调制器和自适应光纤准直器校正阵列光束间的活塞和倾斜像差,实现了相干合成。

19.1 基于自适应 PIB 评价函数的光纤放大器相干合成实验

导致激光阵列光轴指向误差的因素包括机械装调误差、大气湍流效应、热载荷的影响以及平台抖动等。目前,光束合成中的倾斜控制策略主要分为两类。一类是基于哈特曼-夏克(Hartmann-Shack)波前传感器,由传感器精确测得每路光束的倾斜像差并通过校正器进行补偿。该方法的校正速率快,但是系统复杂,子光束必须与相应的微透镜对应,能实现的倾斜校正量有限,且无法与目标在回路(target-in-the-loop,TIL)技术结合。另一类是基于以 SPGD 算法为代表的盲优化算法,通常以远场光斑的桶中功率作为评价函数,使 PIB 最大化,从而间接地校正了激光阵列间的倾斜像差[2-5]。该方法简单易行,能够与 TIL 技术结合,实现对大气湍流效应等因素的补偿,但是校正速率较慢(与倾斜像差的特性以及合成路数有关),且当远场合成光斑相对于目标点的发散角超出 PIB 的"圆桶"区域时,无法实现稳定的闭环。因此,当前光束合成技术中都存在倾斜校正量受限的问题。

本节提出基于自适应 PIB 评价函数的倾斜控制策略。根据远场合成光斑发散角的变化,自适应地调节 PIB 的"圆桶"区域,使其始终能"覆盖"合成光斑,并以自适应 PIB 作为盲优化算法的评价函数,有效地解决了当前光束合成技术中倾斜控制策略的局限性。为在多单元、高功率的光纤激光光束合成系统中实现大范围、高精度、高稳定性的倾斜控制提供了参考。

19.1.1 研究方案

在实验室环境搭建了两路 2W 光纤放大器的相干合成实验平台,如图 19-1 所示。其中,1064nm 种子光源的光功率为 11mW,线宽约 20kHz。光功率经光纤预放大器提升为 200mW,通过 1×8 光纤分束器分为八路。选取其中两路分别连接至压电环光纤相位调制器、光纤主放大器和自适应光纤准直器后,激光束准直输出。压电环光纤相位调制器和自适应光纤准直器分别用于实现相位锁定和倾斜像差校正。两路准直激光束由焦距 1.5m 的合束透镜合束,分别经过折叠式反射镜、分光棱镜 1 和分光棱镜 2 后,到达光电探测器、CMOS 相机 1 和 CMOS 相机 2。其中,光电探测器前带有直径 30μm 的针孔(对应于理想情况下远场合成光斑中心主瓣宽度的 1/2);CMOS 相机 2 前放置了一个 10 倍的显微物镜。光电探测器的电信号传输至锁相控制平台,控制压电环相位调制器实现锁相。CMOS 相机 1 采集的图像信息经倾斜控制平台处理后,控制自适应光纤准直器实现倾斜像差校正。利用 CMOS 相机 2 观察并记录远场合成光斑。实验中,采用 SPGD 算法来优化锁相和倾斜控制过程中的评价函数。其中,锁相控制以透过针孔到达光电探测器的光强为评价函数,相当于桶中功率,此处"圆桶"区域固定不变;倾斜控制以自适应 PIB 作为评价函数,此处"圆桶"区域将自适应地随远场合成光斑发散角的变化而改变。

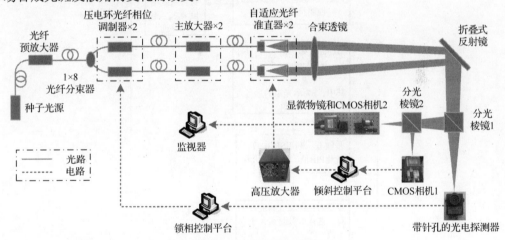

图 19-1 研究方案原理图

19.1.2 基于自适应 PIB 评价函数的倾斜控制

为了验证基于自适应 PIB 评价函数的倾斜控制策略的可行性,先进行两路准直光束的倾斜控制实验研究,这里选择 SPGD 算法来优化评价函数。传统的基于固定 PIB 的 SPGD 倾斜控制策略可表述如下。

(1) 随机生成一组均值为零、呈伯努利分布的微小电压扰动 $\Delta \vec{U}$。

（2）将电压控制信号 $\bar{U}+\Delta\bar{U}$ 作用于校正器阵列，相机采集一帧远场光斑图像，计算 PIB 值并赋给 J_+；再将电压控制信号 $\bar{U}-\Delta\bar{U}$ 作用于校正器阵列，采集图像计算 PIB 值并赋给 J_-。

（3）将控制电压信号更新为 $\bar{U}=\bar{U}+\gamma\Delta\bar{U}(J_+-J_-)/2$，其中，$\gamma$ 为 SPGD 算法的增益系数。

（4）回到步骤（1）并进入下一次算法迭代。

本章提出的基于自适应 PIB 的 SPGD 倾斜控制策略可由图 19-2 表述，其特征在于"圆桶"区域将自适应地随远场合成光斑发散角的变化而改变，其中步骤五为基于固定 PIB 的 SPGD 倾斜控制。

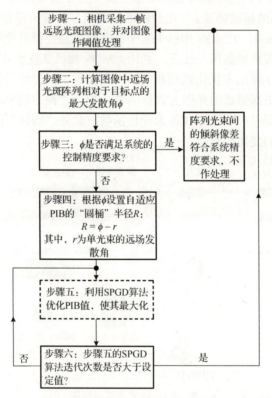

图 19-2　基于自适应 PIB 评价函数的 SPGD 倾斜控制策略流程图

利用基于自适应 PIB 的倾斜控制策略校正了两路准直光束间的倾斜像差，自适应 PIB 的"圆桶"半径以及合成光斑相对于目标点的最大发散角的迭代过程如图 19-3 所示。其中，CMOS 相机 1 的图像阈值设置为 50（灰度值范围为 0～255），目标点为图像中心，图 19-2 中的步骤五需完成 12 次算法迭代，SPGD 算法迭代速率约 500Hz。由图 19-3 可知，开环时远场合成光斑相对于目标点的最大发散角约 238μrad；经过 25

轮自适应 PIB 迭代后减小至 122μrad；经 35 轮自适应 PIB 迭代后减小为 79μrad，随后保持稳定，实现了倾斜像差的校正。图 19-4(a)~图 19-4(c)分别对应由 CMOS 相机 1 采集的开环时、校正中和闭环后远场合成光斑的单帧图像。其中，实线圆环对应于固定 PIB 的范围，一般选取单光束远场爱里斑的大小，本实验中约为 93μrad；点线圆环为自适应 PIB 范围；点划线圆环为合成光斑的范围。如图 19-4(a)所示，开环时，两个合成光斑都分布于固定 PIB 的范围之外；在图 19-4(c)中，自适应 PIB 与固定 PIB 的范围重合，说明基于自适应 PIB 的倾斜控制策略与基于固定 PIB 的倾斜控制策略是相互关联并统一的。图 19-5 显示了闭环过程中自适应 PIB 和固定 PIB 区域内评价函数随时间的变化情况（利用这组实验数据中的最大值将评价函数归一化），其中计算评价函数时没有对图像进行阈值处理。

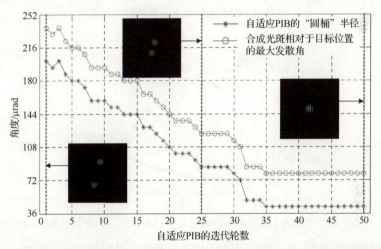

图 19-3 自适应 PIB 的"圆桶"半径以及合成光斑相对于目标点的最大发散角的迭代曲线

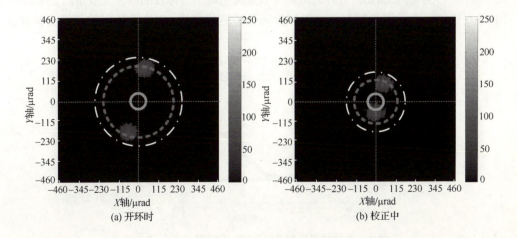

(a) 开环时　　(b) 校正中

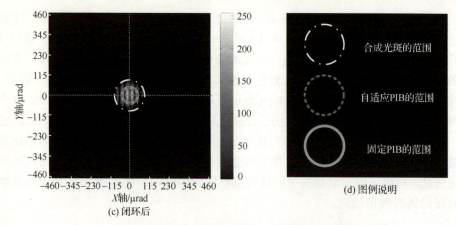

(c) 闭环后

图 19-4　CMOS 相机 1 采集的单帧图像

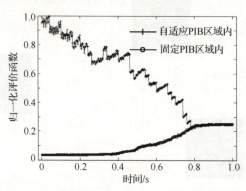

图 19-5　基于自适应 PIB 的倾斜控制过程中，两种归一化评价函数的迭代曲线

为了对比研究，利用基于固定 PIB 的倾斜控制策略进行倾斜校正实验，其中固定 PIB 的"圆桶"大小约 93μrad，开环时远场合成光斑相对于目标点的最大发散角约 238μrad。图 19-6 显示了两种倾斜控制策略下评价函数的迭代曲线（评价函数已被此组实验数据

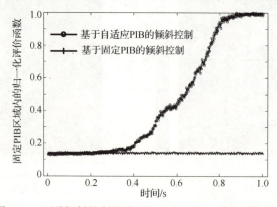

图 19-6　两种倾斜控制策略下归一化评价函数的迭代曲线

中的最大值归一化)。由图 19-6 可知,当合成光斑的最大发散角远远超出固定 PIB 的区域时,基于固定 PIB 的倾斜控制策略是无法实现闭环的。

19.1.3 相干合成

实验研究了两路 2W 光纤放大器的相干合成,实现了对阵列光束间的活塞与倾斜像差的同时校正。图 19-7 为实验中由光电探测器采集的归一化 PIB 评价函数迭代曲线。开环时,评价函数的均值为 0.08,均方差(mean-square-error,MSE)为 0.003。仅校正倾斜后,评价函数的均值提升至 0.77,但评价函数剧烈振荡,MSE 为 0.166,是开环时的 55 倍。同时锁相并校正倾斜后,评价函数均值达到 0.96,MSE 降低到了 0.018。图 19-8 为由 CMOS 相机 2 采集的远场光斑长曝光图。图 19-8(a)为开环,两个合成光斑离目标位置较远。图 19-8(b)为仅校正倾斜像差的情形,此时两个合成光斑的指向误差被校正,但由于未锁相,条纹对比度几乎为 0。由闭环时自适应光纤准直器的驱动电压可推算出两个合成光斑相对于目标位置的指向误差绝对值分别为 403μrad 和 196μrad。图 19-8(c)为锁相并校正倾斜的情形,此时合成光斑的条纹清晰可见,实现了相干合成。

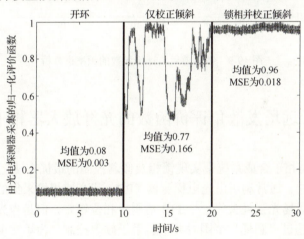

图 19-7 由光电探测器采集的归一化 PIB 评价函数迭代曲线

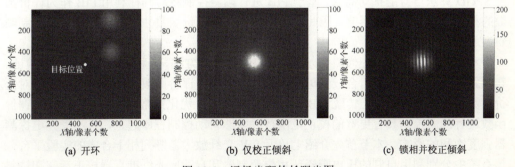

图 19-8 远场光斑的长曝光图

需要指出的是，图 19-8(a)~图 19-8(c)中灰度条的最大值分别为 100、100 和 200。对图 19-7 中仅校正倾斜时以及锁相并校正倾斜时的评价函数进行频率谱分析，由图 19-9 可知，20Hz 内的大幅度相位噪声得到了有效补偿，在 1kHz 范围内的噪声都有所缓解。

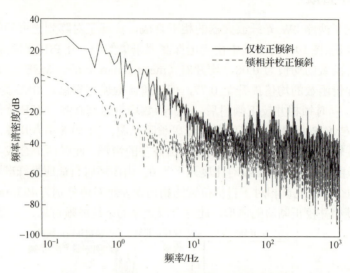

图 19-9　锁相前后，评价函数的频率谱分析

19.2　基于远场发散角评价函数的光纤放大器相干合成实验

SPGD 算法是相干合成系统中实现锁相及倾斜控制的最优方法之一。在基于 SPGD 算法的优化策略中，通常利用由光电探测器（PD）或高速相机采集的桶中功率作为评价函数，以实现远场光强最大化[2-5]。PIB 适用于相位锁定，但是当光束不重叠或者光束间的倾斜误差超过"圆桶"范围时并不适用于倾斜控制。为了实现相干合成系统中稳定精确的倾斜控制，PIB 的"圆桶"直径应小于单光束远场爱里斑直径。同时，由于 SPGD 算法自身的扰动需求，基于 PIB 进行倾斜控制将对同样利用 PIB 作为评价函数的相位锁定过程带来影响。因此，利用 PIB 作为评价函数并不是 SPGD 算法控制倾斜误差的最佳选择[5]。

本节提出另一种校正倾斜像差、实现相干合成的方法，并将进行相关的实验验证。在倾斜控制系统中，利用合成光斑的远场发散角作为评价函数，采用 SPGD 算法对评价函数进行优化。与基于传统 PIB 评价函数的 SPGD 优化策略相比，利用发散角评价函数进行倾斜控制具有更宽的校正范围，并能够自动控制程序起止，且不受光电探测器强度饱和的影响。本节首先介绍七单元 2W 光纤放大器阵列相干合成的实验平台，该系统中分别利用自制的压电陶瓷环相位调制器和自适应光纤准直器校正活塞和倾斜像差，完成锁相和倾斜控制；然后详细介绍用于倾斜校正的远场发散角评价函数实现原理；最后完成相干合成实验中的相位锁定及倾斜控制。

19.2.1 实验平台

七单元 2W 光纤放大器阵列相干合成的实验平台如图 19-10 所示。种子光源为保偏光纤激光器，激光波长为 1064nm，功率为 11mW，线宽为 20kHz。种子光源产生的激光被预放大至 200mW 后经分束器分为八路，其中七路分别与自制的压电光纤相位调制器相连。经压电光纤相位调制器后，光束被分别连接到光纤放大器放大至 2W，然后利用自制的 AFOC（子孔径直径为 28mm）实现阵列光束准直发射。AFOC 相邻孔径的间距为 42mm，计算可得近场激光阵列的填充因子为 0.67。准直后的阵列光束经焦距为 1.5m 的远场变换透镜聚焦，再经平面镜反射后被分光棱镜 1 和分光棱镜 2 分为三束：一束经过直径为 20μm 的针孔到达 PD 用于相位锁定，一束到达高速 CMOS 相机用于倾斜控制，一束经显微物镜（10 倍）到达相机用于观察。

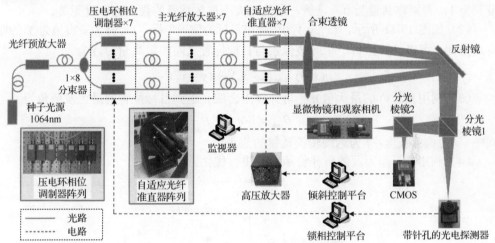

图 19-10　七路 2W 光纤放大器阵列相干合成的实验平台

19.2.2　SPGD 算法控制过程

该实验中，利用 SPGD 算法优化评价函数。将 PD 探测到的 PIB 作为评价函数用于锁相控制，将高速 CMOS 相机探测到的远场发散角评价函数用于倾斜控制。SPGD 算法控制平台产生 7 路锁相信号和 14 路倾斜控制信号，其优化步骤如下。

（1）产生一组均值为 0 且服从伯努利分布的随机电压 $\Delta \vec{U}$。

（2）施加电压信号 $\vec{U}+\Delta \vec{U}$ 至校正器处，获得性能指标 J_+；再施加电压信号 $\vec{U}-\Delta \vec{U}$ 至校正器处，获得性能指标 J_-。

（3）更新施加至校正器上的控制电压信号 $\vec{U}=\vec{U}+\gamma_p \Delta \vec{U}(J_+ - J_-)/2$，使评价函

数 PIB 达到最大以实现锁相；或者更新施加至校正器上的控制电压信号 $\bar{U}=\bar{U}-\gamma_t\Delta\bar{U}(J_+-J_-)/2$，使远场发散角评价函数达到最小，以实现倾斜校正；其中 γ_p 和 γ_t 是 SPGD 算法的增益系数。

（4）循环步骤（1）～步骤（3），直到程序结束。

19.2.3 远场发散角评价函数

在之前的光束合成实验中，往往将 PD 或者高速相机探测到的 PIB 作为评价函数，而且在 SPGD 优化算法中通常采用固定不变的"圆桶"直径。一般来说，倾斜校正器（如高速倾斜镜或 AFOC）的响应速度低于几千赫兹。因此，帧速率可达几千赫兹的高速相机足以提供倾斜校正信息。除 PIB 之外，相机获取的图像还能提供合成光斑的其他信息，如远场光斑至目标位置的最大发散角等。通过相机获取的图像信息来计算远场发散角评价函数的步骤如下。

（1）采集相机图像，并设置阈值。如果像素点的灰度值大于或等于阈值，则将其设置为 1，否则将其设为 0。显然，发散角大小与传感器的强度饱和度无关。

（2）如图 19-11 所示，(x_0, y_0) 为图像中目标的位置坐标，(x, y) 为灰度值为 1 的像素点坐标。可以计算出每一个有效像素与目标位置之间的距离 $n(x, y)$ 为

$$n(x, y) = \sqrt{(x-x_0)^2 + (y-y_0)^2}$$

（3）利用 $n(x, y)$ 的最大值 n_{max} 可计算出合成光斑到目标位置的最大发散角为

$$\theta_{max} = l \cdot n_{max}/f$$

式中，l 为像素长度；f 为远场转换透镜的焦距。

（4）利用 θ_{max} 作为发散角评价函数并进行优化。

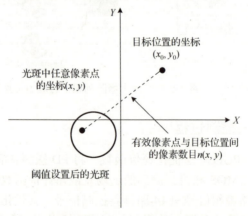

图 19-11　光斑的有效像素到目标位置的距离示意图

19.2.4 基于远场发散角的倾斜控制

利用七路相干合成实验平台，研究基于发散角评价函数进行倾斜控制的可行性。

SPGD 算法执行倾斜控制的迭代速率约为 300Hz。如图 19-12 所示，分别为倾斜控制开环和闭环情况下，CMOS 相机采集的两幅远场图像，已将原始图像中的灰度值与灰度阈值相比较，并相应地用 1 或者 0 代替，因此发散角评价函数与相机的强度饱和无关。如果采用基于强度优化的 PIB 评价函数，则相机的强度饱和将导致 PIB 评价函数计算错误，这将降低倾斜校正系统的稳定性和精确性。如图 19-12(a)所示，开环时远场有七个明显分离的光斑，此时最大的发散角约为单个光斑直径的 4 倍，而光斑之间的最远距离（光斑 1 到光斑 7 的距离）约为单个光斑直径的 6 倍。在图 19-12(b)中，分散的光斑重叠得很好，表明闭环时倾斜误差得到了较好的校正。在该实验中，采用发散角评价函数具有更宽的倾斜校正范围。合成光斑的形态与单个光斑相比分布略有扩展，这是阈值设置原因导致的。

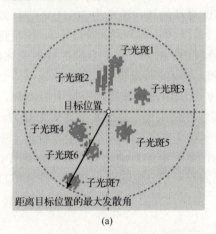

图 19-12　倾斜控制开环和闭环情况下，CMOS 相机采集的远场图像

倾斜控制开闭环时远场发散角的变化曲线如图 19-13 所示。开环时，发散角的平

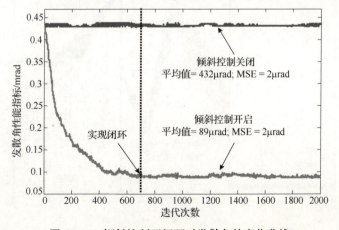

图 19-13　倾斜控制开闭环时发散角的变化曲线

均值为 432μrad,均方误差（MSE）为 2μrad；开启倾斜控制后,经过 700 次 SPGD 迭代,达到闭环状态,此时发散角的平均值减小为 89μrad,均方误差同样为 2μrad。

利用发散角评价函数的另一优点是,发散角评价函数本身直接表示倾斜误差,因此可以作为倾斜校正程序的自动开关信号。如果发散角小于系统要求的精度,闭环控制系统自动终止以消除对 SPGD 算法锁相的不利影响。一旦探测到发散角大于要求的精度,闭环控制立即开启。当利用基于强度的 PIB 评价函数进行倾斜控制时,只能使用间接强度信号作为程序开关。

19.2.5 相干合成实验结果

前面验证了基于远场发散角的倾斜控制方法的可行性,这里研究同时进行锁相及倾斜控制的相干合成系统。进行锁相的 SPGD 算法的迭代速率为 30kHz,进行倾斜控制的 SPGD 算法的迭代速率约为 300Hz。图 19-14 所示为开环（阶段Ⅰ）、仅校正倾斜闭环（阶段Ⅱ）以及锁相并校正倾斜闭环（阶段Ⅲ）时归一化 PIB 随时间的变化曲线。阶段Ⅰ中,PIB 的平均值仅为 0.03,主要为 PD 本身的背景噪声,其均方误差为 0.004。阶段Ⅱ中,PD 探测到的电压信号在 0.3～0.9 范围内随机波动,平均值为 0.56,均方误差为 0.152。阶段Ⅲ中,电压信号稳定地锁定在最大值,此时其平均值为 0.97,均方误差为 0.01,仅为阶段Ⅱ中的 1/15,主瓣的半高全宽（FWHM）能量与阶段Ⅰ中相比提高了 32 倍。这里,将发散角评价函数作为倾斜控制的自动开关信号。阶段Ⅲ中的插图为相干合成系统中归一化 PIB 的迭代变化曲线。相位控制在大约 150 次 SPGD 迭代后达到闭环。利用公式 $\Delta\phi_{max} = 2\sqrt{\Delta J_{max}/J_{max}}$ 可以计算出残余相位误差小于 $\lambda/15$,$J(t)$ 是相干合成系统中得到的评价函数值。

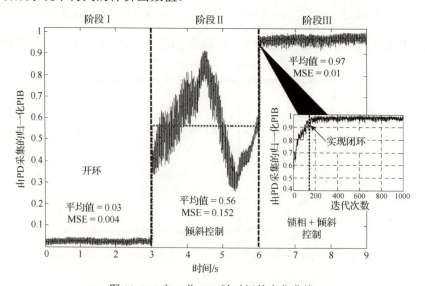

图 19-14 归一化 PIB 随时间的变化曲线

图 19-15 所示为经 10 倍显微物镜及观察相机采集的合成远场光斑 37s 长曝光图。光斑的目标位置在图像的中心。如图 19-15(a)所示，开环时七个光斑在远场明显分离。如图 19-15(b)所示，倾斜校正时，分散的光斑很好地重合在一起，但是对应的长曝光图是非相干的，条纹可见度几乎为 0。图 19-15(c)和图 19-15(d)分别为令针孔处强度最大和最小时的相干合成结果，图 19-15(e)和图 19-15(f)分别为图 19-15(c)和图 19-15(d)中正方形区域的放大图，与理论结果（图 19-15(g)和图 19-15(h)）相比可知，此时获得了较好的相干合成效果。图 19-15(i)和图 19-15(j)分别为图 19-15(e)和图 19-15(f)中沿中心线的一维强度分布。如图 19-15(i)所示，主瓣 FWHM 占据了相机上的 23 个像素，而每个像素的长度为 10.8μm，因此可计算出主瓣 FWHM 为 248μm，考虑到显微物镜的放大率，放大前的 FWHM 值为 24.8μm，与 PD 前的针孔大小相适宜。PD 探测到的相位控制前后（图 19-15(b)和 19-15(c)）的实际 PIB 变化曲线分别与图 19-14 中阶段Ⅱ和阶段Ⅲ对应的情况相符合。

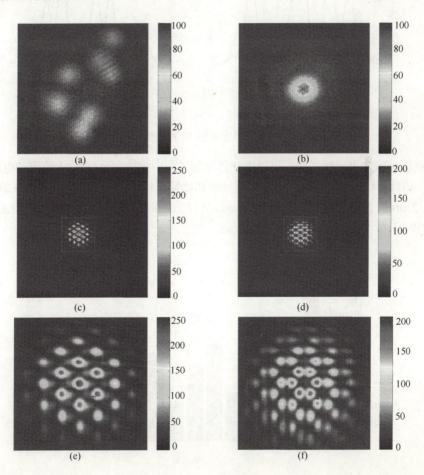

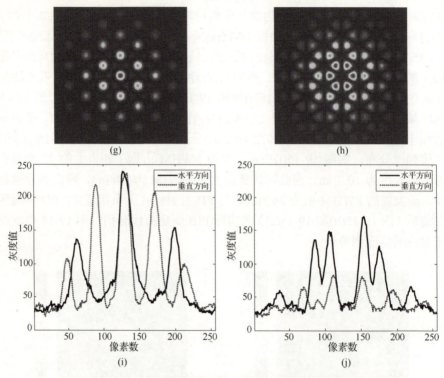

图 19-15　远场合成光斑的 37 秒强度分布长曝光图

被校正的光束间倾斜误差可以由倾斜控制过程中施加在 AFOC 上的驱动电压值估算得到。由此可以计算出图 19-15 中七路光束初始倾斜误差的绝对值分别为(361,241)μrad、(207,35)μrad、(98,194)μrad、(153,78)μrad、(177,181)μrad、(40,221)μrad 和(171,172)μrad，如图 19-16 所示，其平均值为 166.4μrad。

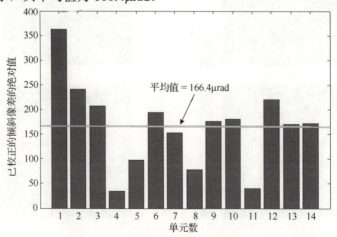

图 19-16　被校正的倾斜误差的绝对值

图 19-17 所示为针孔探测到的 PIB 评价函数的频谱分析曲线。图中实线和虚线分别是图 19-14 中阶段Ⅱ和阶段Ⅲ对应迭代曲线的频谱分析曲线。用于锁相的 SPGD 迭代速率为 30kHz，且经过大约 150 次迭代后实现收敛，达到闭环。实验中所用 PD 的带宽为 12.5MHz。因此，锁相系统的实际控制带宽大约为 200Hz（30kHz/150）。由图 19-17 可知，20Hz 以内的相位噪声得到了明显抑制，80Hz 及 100Hz 处的谐振峰也被抑制。

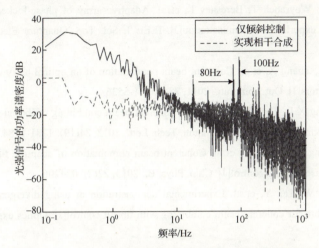

图 19-17　针孔探测到的 PIB 评价函数的频谱分析曲线

19.3　本章小结

本章针对当前光束合成技术中存在的倾斜校正量受限问题，分别提出了基于自适应 PIB 评价函数和基于远场发散角评价函数的倾斜控制策略。在 19.1 节中利用两路 2W 光纤放大器相干合成实验平台验证了基于自适应 PIB 的倾斜控制策略的可行性，实验中远场合成光斑相对于目标点的最大发散角从开环时的 238μrad 减小至闭环时的 79μrad。实验结果表明，对于传统的 PIB 倾斜控制策略，当合成光斑超出 PIB 范围时是无法闭环的，而自适应 PIB 倾斜控制策略的倾斜校正量仅受限于校正器的动态性能以及远场成像相机的探测范围。利用自制的压电环光纤相位调制器和自适应光纤准直器实现了对阵列光束间的平移和倾斜像差的同时校正，验证了基于自适应 PIB 的倾斜控制策略在相干合成中的可行性。

在 19.2 节中，通过七路 2W 光纤放大器阵列相干合成验证了新提出的发散角评价函数用于倾斜控制的可行性。与传统的利用 PIB 作为性能函数实现 SPGD 优化策略相比，利用发散角性能函数进行倾斜控制具有更宽的校正范围，能够自动开关控制，不受相机强度饱和的影响。开环时发散角平均值为 432μrad，倾斜校正后减小为 89μrad。

在相干合成实验中，主瓣 FWHM 能量提高了 32 倍，相位残余误差小于 $\lambda/15$。今后，将在更多单元、更高功率的光纤激光光束合成系统展开相关技术的实验研究。

参 考 文 献

[1] Vorontsov M, Weyrauch T, Beresnev L, et al. Adaptive array of phase-locked fiber collimators: Analysis and experimental demonstration[J]. IEEE J. Sel. Top. Quantum Electron., 2009, 15(2): 269-280.

[2] Geng C, Li X, Zhang X, et al. Coherent beam combination of an optical array using adaptive fiber optics collimators[J]. Opt. commun., 2011, 284: 5531-5536.

[3] Wang X, Wang X L, Zhou P, et al. 350-W coherent beam combining offiber amplifiers with tilt-tip and phase-locking control[J]. IEEE Photon. Tech. Lett., 2012, 24(19): 1781-1784.

[4] Wang X, Wang X L, Zhou P, et al. Coherent beam combination of adaptive fiber laser array with tilt-tip and phase-locking control[J]. Chin. Phys. B., 2013, 22(2): 024206.

[5] Geng C, Luo W, Tan Y, et al. Experimental demonstration of using divergence cost-function in SPGD algorithm for coherent beam combining with tip-tilt control[J]. Optics express, 2013, 21(21): 25045-25055.

[6] 耿超, 罗文, 谭毅, 等. 基于自适应桶中功率评价函数的光纤放大器相干合成实验研究[J]. 物理学报, 2013, 62(22): 224202.

第20章 基于目标在回路的光纤激光相干合成实验

到目前为止，光纤激光的相干合成多停留在实验室阶段，激光的传输距离很短（一般为几米），且需要在远场放置探测器。很多实验应用中需要实现激光长距离传输后在目标上相干合成，因此，无法利用目标端的探测器。目标在回路技术（TIL）是一种有效的解决途径[1-6]。该技术中，光信号探测器位于发射装置附近，通过接收远场目标的回光信号，以成像清晰度、接收光能量等作为性能指标，利用优化算法控制波前校正器，获得接近理想的光束控制效果。TIL 技术尤其适合激光相控阵中的相位控制，有望在激光定向能系统、激光遥感、自由空间光通信等领域得到应用。将 TIL 技术应用于光纤激光相干合成的报道不多，有一些理论研究也是针对单孔径光束的传输问题。2008 年，法国国家航空航天研究院（ONERA）的 Bourdon 等[1]用多抖动法首次实现了基于目标回光的三路光纤激光相干合成，但该实验没有校正光束间的倾斜像差。其后，美国空军研究实验室的 Shay 和美国陆军研究实验室的 Vorontsov 等在 2010 年的圣彼得堡激光光学会议上分别报道了各自关于 TIL 技术的研究成果。

当前相干合成实验的另一个特点是普遍使用远场变换透镜将激光阵列合束来模拟远场的合成效果。实际中，相干组束的大气传输过程是不使用远场变换透镜的，有两种发射体系，如图 20-1 所示。图 20-1(a)为平行发射，图 20-1(b)为共形发射。在平

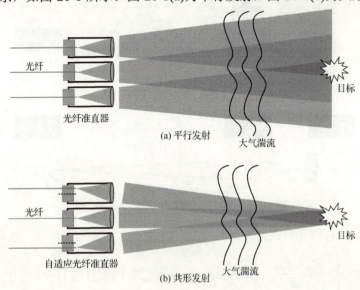

图 20-1 相干组束的发射体系

行发射体系中,相干组束的光轴彼此平行,由于传输过程中的湍流、衍射等效应,单元光束光斑扩散,光场互相叠加干涉,从而在中央主瓣获得高的能量集中度,但该体系的传输距离必须大于单光束瑞利距离才能获得好的合成效果。相比而言,共形发射体系更具优势,相干组束形成一个保形阵列,各光束同时发射到目标处,该体系不受瑞利距离的限制,可灵活地实现合成光束在远场的定位、跟踪等运动,但需要主动控制单元光束的出射角度。AFOC 在两种体系下均可运用,但在共形体系下更有优势。

本章将介绍中国科学院自适应光学重点实验室关于目标在回路技术的实验进展[3-5],提出一种目标在回路的仿真模型,利用可同时调整光程和光束倾斜的 AFOC,实现了基于目标在回路的三路光纤激光相干合成中平移和倾斜像差的同时补偿;并通过对相干组束出射角度的控制,实现了合成光束在目标上的定位、跟踪等光束控制[5]实验。为在大气环境中实现基于目标在回路的相干组束共形发射系统提供了参考。

20.1 基于目标在回路的相干合成原理

目标在回路相干合成模型如图 20-2 所示。其物理过程可用 4 个步骤描述:①发射光束阵列(光场为 $\vec{U}_0$)经大气传输到达目标端(光场为 $\vec{U}_1$);②目标端的远场光斑背向散射(光场为 $\vec{U}_2$);③散射光经大气传输到达成像端透镜的前表面(光场为 $\vec{U}_3$);④成像于探测端(光场为 $\vec{U}_4$)。其中,成像端位于发射端附近,探测器置于成像端的后焦面。

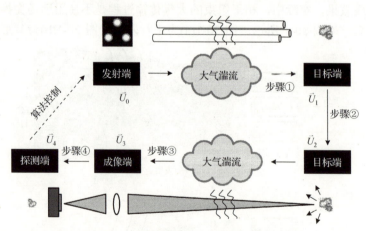

图 20-2 目标在回路相干合成的物理模型

在发射端,每路光可表述为

$$\vec{u}_{\text{sub}}(\vec{r}_{\text{sub}}) = \exp\left(-\frac{|\vec{r}_{\text{sub}} - \vec{r}_{\text{0sub}}|^2}{a^2}\right) \exp\left[j\vec{k}_{\text{sub}} \cdot \vec{r}_{\text{sub}} + j\delta_{\text{sub}}^{\text{piston}} + j\sigma_{\text{sub}}^{\text{tilt}}(\vec{r}_{\text{sub}})\right] \cdot \text{circ}_{\text{sub}}(\vec{r}_{\text{sub}}) \quad (20\text{-}1)$$

式中，a 为光斑半径；$\vec{r}_{0\text{sub}}$ 为子光束中心位置坐标；$\vec{k}_{\text{sub}}$ 为子光束波矢；$\delta_{\text{sub}}^{\text{piston}}$ 为子光束平移像差；$\sigma_{\text{sub}}^{\text{tilt}}$ 为子光束倾斜像差；circ_{sub} 为子光束的孔径函数。

发射光束阵列为

$$\vec{U}_0 = \sum_{\text{sub}=1}^{N} \vec{u}_{\text{sub}} \tag{20-2}$$

步骤①和步骤③为激光大气传输过程，满足近轴近似标量波动方程，即

$$2\mathrm{i}k\frac{\partial}{\partial z}u(r,z) + \Delta u(r,z) + k^2\left(\frac{n^2}{n_0^2} - 1\right)u + \mathrm{i}k\alpha_t(z)u(r,z) = 0 \tag{20-3}$$

式中，$u(r,z)$ 为光波函数；k 为波数；$n(r,z) = n_0 + n_1$ 为大气折射率，n_0 为未受扰动的大气折射率，n_1 为大气折射率扰动量；$\Delta = \partial^2/\partial x^2 + \partial^2/\partial y^2$；$\alpha_t$ 为大气消光系数，z 轴表示光束传输方向。该式的数值计算一般采用多相屏法，即将传输路径分割为不同长度的传输段，每个传输段内大气对激光的影响仅为改变其相位而不改变振幅的大小，表示为一个无限薄的相位屏，光波振幅的变化只是由相应真空传输（衍射）引起。整个激光大气传输过程可以简化为入射光波通过相位屏改变相位后，真空传输相应距离改变其振幅，然后通过下一个相位屏……这样一步一步传输至目标位置处[7]。

步骤②为目标端对相干照明光的强度漫反射。对该过程可采用在 $\vec{U}_1$ 上施加高斯型的随机相位和反射截面 T（反映目标形状、位置、大小等信息）的方式进行描述，即

$$\vec{U}_2 = \vec{U}_1 \exp(\mathrm{i}\psi_{\text{rand}}) \cdot T \tag{20-4}$$

式中，ψ_{rand} 为高斯型随机相位。

对于步骤④，目标端可认为位于无穷远（大于 1km），则目标端光斑的像都位于成像端的后焦面上，可根据透镜的傅里叶变换性质得到 $\vec{U}_4$，即

$$\vec{U}_4(x_4, y_4) = c' \exp\left(\mathrm{j}\pi \frac{x_4^2 + y_4^2}{\lambda f}\right) F\{\vec{U}_3(x_3, y_3)\}_{f_x = \frac{x_4}{\lambda f}, f_y = \frac{y_4}{\lambda f}} \tag{20-5}$$

式中，c' 为常数因子；λ 为波长；f 为成像透镜的焦距；$F\{\}$ 表示傅里叶变换。

探测端的光强分布可表示为

$$I_4(x_4, y_4) = |\vec{U}_4(x_4, y_4)|^2 \tag{20-6}$$

一般地，选取环围能量（power-in-circle，PIC）作为算法评价指标，即

$$\text{PIC} = \iint_S I_4(x_4, y_4) \mathrm{d}x_4 \mathrm{d}y_4 \tag{20-7}$$

根据算法评价指标，经锁相和倾斜校正后，子光束的相位修正为

$$\exp\left[\mathrm{j}\vec{k}_{\text{sub}} \cdot \vec{r}_{\text{sub}} + \mathrm{j}\delta_{\text{sub}}^{\text{piston}} - \mathrm{j}\delta_{\text{sub}}^{\text{phase-locked}} + \mathrm{j}\sigma_{\text{sub}}^{\text{tilt}}(\vec{r}_{\text{sub}}) - \mathrm{j}\sigma_{\text{sub}}^{\text{tilt-control}}(\vec{r}_{\text{sub}})\right] \tag{20-8}$$

式中，$\delta_{\text{sub}}^{\text{phase-locked}}$ 为平移像差校正量；$\sigma_{\text{sub}}^{\text{tilt-control}}(\vec{r}_{\text{sub}})$ 为倾斜像差校正量。

至此，完成了闭环控制，实现了多路激光传输后在远场目标上的相干合成。

20.2 实验系统

20.2.1 实验平台

基于目标在回路的三路光纤激光相干合成如图 20-3 所示。种子光源为单模保偏 He-Ne 激光,经分束器后,将其中的三路连接到 AFOC 阵列(品字形排列),三路激光准直输出。远场变换透镜 1 将出射光束聚焦,焦距为 1m。合成光束经分光棱镜分光,一束到达目标端的白纸漫反射屏,一束经显微物镜(10 倍)到达 CCD 用于观察。目标屏上的远场光斑背向散射,经透镜 2 成像到发射装置附近的 CMOS 相机,以图像的环围能量定义性能指标。系统采用 SPGD 算法,根据性能指标产生三路锁相信号和六路倾斜校正信号,控制 AFOC 阵列中的锁相模块和倾斜校正模块,完成闭环控制,在目标屏上实现相干合成。需要强调的是,在大气传输环境中,透镜 2 的口径应小于大气相干长度 r_0,以保证系统实现目标屏上的相干合成。本章实验中的大气环境比较宁静,所用的透镜 2 口径为 75mm。

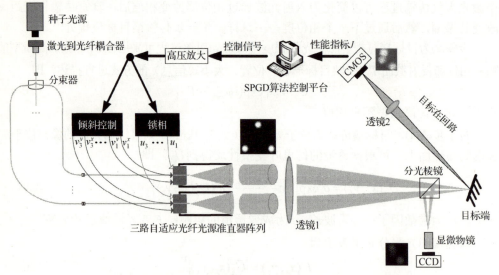

图 20-3 基于目标在回路的三路光纤激光相干合成示意图

实验用相位控制器件为一种可同时调整光程和光束倾斜的 AFOC,包括锁相模块与倾斜校正模块。经测试,该器件的光程调节范围在±1μm 之间,光束倾斜量调节范围约±75μm/f=±1mrad(准直镜头焦距 f=75mm),锁相模块的第一阶谐振频率约 1.8kHz,倾斜校正模块的第一阶谐振频率约 800Hz。

20.2.2 控制策略

系统控制策略采用 SPGD 优化算法,沿梯度方向搜索性能指标的最大值。CMOS

相机位于发射端附近，接收目标的回光，以环围能量作为算法的性能指标，圆心为算法执行时第一帧图像的质心。根据倾斜控制和锁相的不同特性，需要有针对性地选取环围的直径。下面探讨在倾斜控制和锁相过程中，如何合理地选取环围直径。

假设有倾斜像差时，CMOS 相机上的光斑如图 20-4 左图所示。选择三种环围进行比较，圆心都为算法执行时第一帧图像的质心。第一种环围的直径很小，不包含三个光斑的任一部分，SPGD 算法施加随机扰动时环围内的总能量不变，算法不能估计梯度的方向；第二种环围的直径等于单个光斑的直径，覆盖了三个光斑的一部分，这时 SPGD 算法施加的随机扰动会改变环围内的总能量，从而获得梯度的方向信息；第三种环围的直径很大，将三个光斑完全圈在其中，这时 SPGD 算法也是无法搜索到梯度变化的。所以，用 SPGD 算法校正倾斜时，环围内必须包含每个光斑的信息。

在校正了倾斜像差后，如图 20-4 右图所示，环围 1 对倾斜像差的变化很敏感，可以保证算法能有效执行，但是当倾斜像差变化较大时，算法容易失稳；环围 2 对倾斜的改变较为敏感，算法可以有效地工作，当倾斜像差变化剧烈时，其环围一般仍能覆盖光斑的一部分，算法稳健性较好；环围 3 对倾斜的变化不敏感，算法不稳定。因此，倾斜校正时让环围的直径等于单光斑直径较合适。

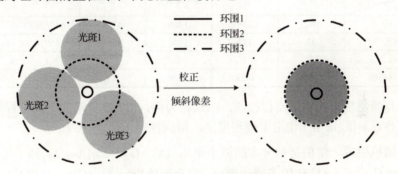

图 20-4　倾斜控制时，选取环围直径的示意图

图 20-5(a)为倾斜像差校正前 CMOS 相机采集到的单帧散斑图像，单个光斑的直径约 40 像素。经测试，实验中选择直径 40 像素的环围作为倾斜控制性能指标（J_{tilt}）时，算法能较好地收敛，此时环围直径等于单光斑的直径。图 20-5(b)为校正倾斜像差后，CMOS 相机采集到的单帧图像。由图可知，光斑从中心向外的梯度变化不是特别显著，因此需要合理选择锁相的环围直径。

校正倾斜像差之后，测试了不同环围直径的性能指标的变化曲线，每条曲线包含 2000 个数据，从中得到最大值和最小值，如表 20-1 所示。由表 20-1 可知，当环围直径大于 10 像素时，归一化性能指标的最小值都在 0.9 以上，这时用 SPGD 算法实现锁相是十分困难的。本实验中，选取环围质心处能量（峰值能量）为锁相性能指标 J_{pis}。

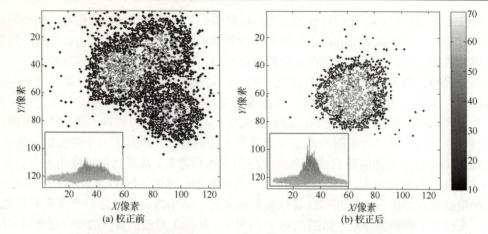

图 20-5　校正倾斜像差前后，CMOS 相机采集到的单帧散斑图像

表 20-1　校正倾斜像差后，不同环围直径的性能指标的变化

性能指标＼环围直径	1 像素	2 像素	5 像素	10 像素	20 像素	40 像素
最大值	70	246	1366	4495	17325	53686
最小值	32	144	1040	4054	15910	49793
归一化最大值	1	1	1	1	1	1
归一化最小值	0.46	0.59	0.76	0.9	0.92	0.93

锁相与倾斜校正的算法流程相同。以锁相为例，SPGD 算法的迭代过程如下。

（1）将 $\vec{U}=\{u_1,u_2,u_3\}$ 作用于锁相模块，得到性能指标 $J_{\text{pis}}(\vec{U})$。

（2）随机生成一组伯努利分布的微小电压扰动 $\Delta\vec{U}=\{\Delta u_1,\Delta u_2,\Delta u_3\}$。

（3）将 $\vec{U}_+=\vec{U}+\Delta\vec{U}$ 作用于锁相模块，得到性能指标 $J_{\text{pis}+}(\vec{U}_+)$，再用 $\vec{U}_-=\vec{U}-\Delta\vec{U}$ 得到性能指标 $J_{\text{pis}-}(\vec{U}_-)$。

（4）将锁相信号更新为 $\vec{U}=\vec{U}+\vec{\gamma}_p\Delta\vec{U}(J_{\text{pis}+}-J_{\text{pis}-})$，进入下一次迭代，其中，$\vec{\gamma}_p=\{\gamma_p,\gamma_p,\gamma_p\}$ 为算法增益。

20.3　实　验　结　果

20.3.1　相干合成

实验中 CMOS 相机的帧速为 75 帧/秒，SPGD 算法的迭代速率约为 25Hz。在安静的实验室环境中分别进行了基于目标在回路的光束间倾斜像差校正、光束间平移像差校正，以及平移和倾斜像差的同时控制等实验。

图 20-6 是仅校正光束间倾斜像差时性能指标 J_{tilt} 的迭代曲线。图 20-6(a)为某一次迭代的结果。图 20-6(b)为 9 次迭代的平均，经过约 200 次迭代后初始倾斜像差被校正，倾斜控制性能指标由开环时的 0.79（平均值）提升至闭环时的 0.98（平均值）。

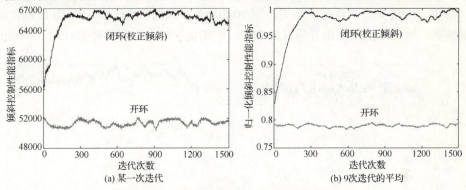

图 20-6　仅校正倾斜像差时 J_{tilt} 的迭代曲线

图 20-7 为校正倾斜后，CCD 探测的远场光斑。图 20-7(a)～图 20-7(d)分别为 10s、50s、100s 和 200s 的长曝光图。由图可知，初始倾斜像差被校正，光斑集中，但随着

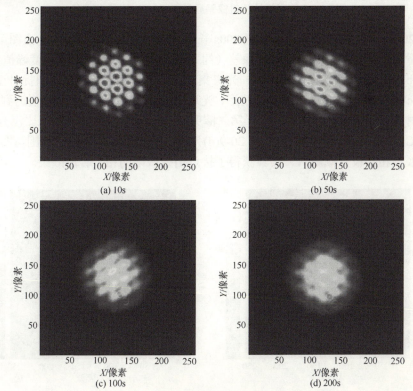

图 20-7　CCD 探测的远场光斑长曝光图

曝光时间的增加，条纹对比度越来越低，光能量的集中度也随之下降。因此，必须通过对光束间平移像差的校正来改善条纹对比度和光能量集中度。

图 20-8 为校正初始倾斜像差后，仅校正平移像差时，锁相性能指标 J_{pis} 的迭代曲线。图 20-8(a)为某一次迭代的结果。图 20-8(b)为 9 次迭代的平均，约 50 次迭代即可实现锁相，锁相性能指标由开环时的 0.84（平均值）提升至闭环时的 0.97（平均值）。

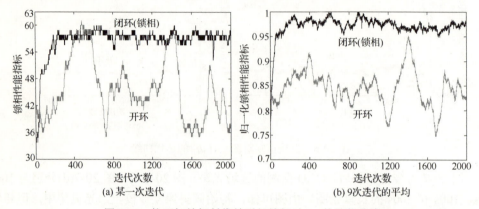

(a) 某一次迭代 (b) 9次迭代的平均

图 20-8　校正初始倾斜像差后仅锁相时 J_{pis} 的迭代曲线

图 20-9 是 CCD 探测的远场光斑 400s 长曝光图。图 20-9(a)为开环，由图可知，组束间能量不相同，且存在初始倾斜像差（约 200μrad 以内），光斑的灰度峰值为 61；图 20-9(b)是仅校正倾斜像差的情形，光斑集中，但图样模糊，灰度峰值提升至 120；图 20-9(c)为同时锁相并校正倾斜的情形，光斑集中，对比度高，灰度峰值达到了 241，为开环时的 4 倍，图中的虚线标示了第二圈旁瓣的位置，与图 20-9(d)相比没有外圈旁瓣是由 CCD 的阈值设置导致的；图 20-9(d)为理想情况，图中虚线的范围与图 20-9(c)相同。经锁相并校正倾斜后，实验获得了接近衍射极限的相干合成效果。

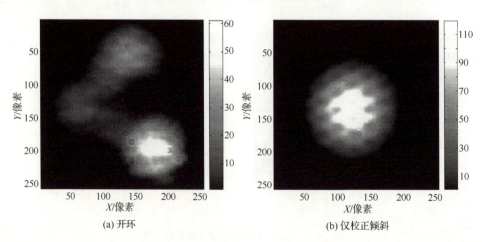

(a) 开环 (b) 仅校正倾斜

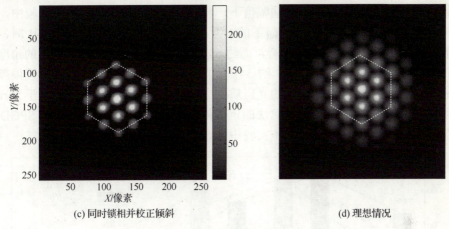

(c) 同时锁相并校正倾斜 (d) 理想情况

图 20-9 远场光斑的 400s 长曝光图

20.3.2 光束控制

共形发射体系的关键在于控制相干组束的出射角度，使其同时发射到目标处，并实现合成光束在目标上的定位和跟踪。利用 SPGD 算法，实验研究了 AFOC 阵列对相干组束的偏转控制特性。

如图 20-10 所示，分别选取六边形的 12 个特征点作为定位点，让合成光束的质心在远场实现定位，图中的点为 CMOS 所采集的合成光斑的质心。光斑质心从起点开始，沿小插图中定点的先后顺序实现定位，光束于每个定点的停留时间为 2000 次 SPGD 算法迭代（包括从当前定位点到下一个定位点的行走过程），算法的迭代速率为 25Hz。图 20-10(a)对应的倾斜扰动幅值 δ_{tilt} 为 0.01，图 20-10(b)对应的 δ_{tilt} 为 0.012，图 20-10(c) 中 δ_{tilt} 为 0.02。由图可知，当 δ_{tilt} 较大时，光束可以较快地到达定位点，但是定位误差较大；δ_{tilt} 较小时，光束找到定位点的速率较慢，但是定位误差较小。因此，合理地选择倾斜扰动幅值十分关键。

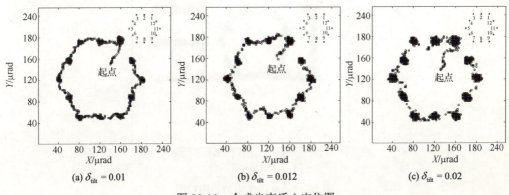

(a) $\delta_{tilt}=0.01$　　(b) $\delta_{tilt}=0.012$　　(c) $\delta_{tilt}=0.02$

图 20-10 合成光束质心定位图

图 20-11 分析了不同的倾斜扰动幅值下，合成光斑质心的定位精度。实验中，设置一个定位点，分别连续记录不同 δ_{tilt} 下的 1 万次光斑质心位置。当 δ_{tilt} 为 0.01 时，约 23.9%的光斑质心位置与目标位置重合，而约 60%的光斑质心位置离目标位置的角度偏差不超过 2μrad；当 δ_{tilt} 为 0.012 时，约 54%的光斑质心位置离目标位置的角度偏差小于 2μrad；而 δ_{tilt} 为 0.02 时，仅约 49%的光斑质心位置离目标位置的角度偏差小于 2μrad。由图可知，随着 δ_{tilt} 的增大，SPGD 算法的定位精度越来越差，而扰动值越小 SPGD 算法的优化速率越慢。综合考虑，在本实验中，设置 δ_{tilt} 为 0.012 比较合适。

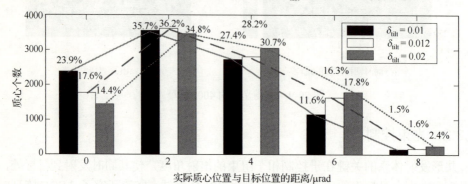

图 20-11　光斑质心的定位精度图

控制合成光束的质心，使其按"IOE"字样进行跟踪，如图 20-12 所示。图中的点为 CMOS 所采集图像的质心，每次算法迭代记录一次质心位置，连续记录 4 万次，SPGD 算法迭代速率为 25Hz。由图 20-12 可知，实现了合成光束质心在水平方向 200μrad、垂直方向 80μrad 的偏转。

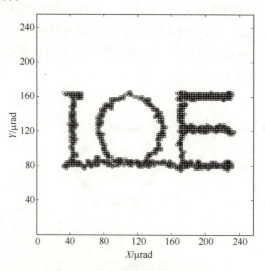

图 20-12　合成光束质心跟踪图

20.4 本章小结

目标在回路技术是实现相干组束长距离传输的有效方法，但是将该技术应用于相干合成的理论研究和实验都不多。而共形发射体系不受瑞利距离的限制，并可灵活地实现合成光束在远场目标上的定位与跟踪，非常适合激光阵列的大气传输。本工作实现了基于目标在回路的光纤激光相干合成中平移与倾斜像差的同时补偿，峰值功率密度较开环时提升了4倍。实验表明，利用目标的回光可以在远场实现光束合成，从而摆脱了在远场放置探测器的限制。而通过AFOC对相干组束出射角度的控制，实现了合成光束在目标上的定位、跟踪等光束控制实验，表明AFOC具备了应用于共形发射体系的能力。

参 考 文 献

[1] Bourdon P, Jolivet V, Bennai B, et al. Theoretical analysis andquantitative measurements of fiber amplifier coherent combining on a remote surface through turbulence[J]. Proc. SPIE, 2009, 7195: 719527.

[2] Li X, Geng C, Zhang X, et al. Coherent beam combining of collimated fiber array based on target-in-the-loop technique[J]. Proc. SPIE, 2011, 8178: 81780M.

[3] 耿超, 李新阳, 张小军, 等. 基于目标在回路的三路光纤传输激光相干合成实验[J]. 物理学报, 2012, 61(3): 034204.

[4] Weyrauch T, Vorontsov M, Carhart G, et al. Experimental demonstration of coherent beam combining over a 7 km propagation path[J]. Opt. Lett., 2011, 36(22): 4455-4457.

[5] 谭毅, 耿超, 李新阳, 等. 大气环境下基于目标照明回光的视轴误差校正实验研究[J]. 物理学报, 2015, 64(2): 024216.

[6] 陶汝茂, 马阎星, 董小林, 等. 目标在回路光纤激光阵列自适应锁相技术研究[J]. 中国激光, 2011, 38(7): 0702012.

[7] 王英俭, 吴毅. 扩展物体漫反射光传输及成像的数值模拟研究[J]. 光学学报, 1998, 18: 1470-1472.